心理学与心理暗示

李娟娟◎著

天地出版社 | TIANDI PRESS

图书在版编目（CIP）数据

心理学与心理暗示 / 李娟娟著 . —成都：天地出版社，2018.10（2023 年 12 月重印）
ISBN 978-7-5455-3993-6

Ⅰ . ①心… Ⅱ . ①李… Ⅲ . ①自我暗示—通俗读物
Ⅳ . ① B842.7-49

中国版本图书馆 CIP 数据核字（2018）第 133155 号

XINLIXUE YU XINLI ANSHI
心理学与心理暗示

出品人　杨　政
著　者　李娟娟
责任编辑　杨　露
封面设计　张合涛
内文排版　乐律文化
责任印制　王学锋

出版发行　天地出版社
（成都市锦江区三色路 238 号　邮政编码：610023）
（北京市方庄芳群园 3 区 3 号　邮政编码：100078）
网　址　http://www.tiandiph.com
电子邮箱　tiandicbs@vip.163.com
经　销　新华文轩出版传媒股份有限公司

印　刷　三河市嘉科万达彩色印刷有限公司
版　次　2018 年 10 月第 1 版
印　次　2023 年 12 月第 3 次印刷
开　本　925mm × 660mm　1/16
印　张　17.5
字　数　179 千
定　价　59.80 元
书　号　ISBN 978-7-5455-3993-6

咨询电话：（028）86361282（总编室）
购书热线：（010）67693207（营销中心）

前 言

我们的想法、情绪、行为无时无刻不受到外界微妙、含蓄的影响，这就是心理暗示。巴甫洛夫把暗示称为“人类最简单、最典型的条件反射”。受暗示性是人类在漫长的进化过程中形成的一种自我保护本能。心理暗示包括自我暗示与他暗示，既有积极暗示也有消极暗示。那么在现实生活中，我们该如何让心理暗示为自己服务，避免其消极影响，发挥其积极作用呢？本书即是一本心理暗示实用指导手册。它将告诉我们如何通过心理暗示缓解压力，让我们的生活更快乐；如何借助心理暗示唤醒我们的潜意识，开发沉睡的潜能；如何将心理暗示运用到健康管理、社会交往、家庭教育等领域，以及建立在心理暗示基础上的催眠术究竟有多么神奇。

在自己不开心的时候，装出一副笑脸，真的可以让自己开心起来吗？

消极的心理暗示可以让人产生受伤、生病乃至死亡的错觉吗？

积极的心理暗示真的可以充当起死回生的灵丹妙药吗？

人真的有无限的潜能吗？如何用心理暗示这把钥匙打开人潜能的大门呢？

心理暗示可以让我们变得更自信和更有魅力吗？

我们的记忆可靠吗？心理暗示是如何把虚假的记忆植入我们的大脑的？

……

这些有趣的问题与我们每个人息息相关。如果你想知道答案，不妨打开这本书，一探究竟。既然在我们的生活中，心理暗示无处不在，每时每刻都在影响着我们的思想、情绪、行为，那我们就没有理由忽视这个问题。了解心理暗示，掌握正确运用心理暗示的技巧以及抵御消极心理暗示的方法，对我们每个人来说都是非常必要的。

目　录

Part1 暗示与快乐——幸福感的增加

Part2 暗示与压力——从精神上减压

Part3 暗示与健康——超乎想象的自愈力

Part4 暗示与潜能——唤醒沉睡的巨人

Part5 暗示与教育——让期望变成现实

Part6 暗示与社交——人际交往中的潜规则

Part7 暗示与魅力——变身为“万磁王”

Part8 暗示与记忆——灵魂黑客植入虚假记忆

Part9 暗示与催眠——让潜意识苏醒

Part10 暗示与肢体语言——窥探真实的内心

Part1

暗示与快乐
——幸福感的增加

有了希望，我们就会变得积极热情，而这种积极的情绪反过来还会对潜意识产生积极的影响。这样就会形成一个良性循环，一切不好的想法都会被阻隔在潜意识之外，不会再对我们的心理或行为产生影响。

像硬币一样的心理暗示

在印度某些地区盛行着一种仪式，这种仪式是从古代流传下来的，被称为“钩摆”。在一年的某些特定时期，某个社会族群就会选出一个人作为神力代表。这个人的使命是让自己挂在特定的钢钩上，然后到处游行，以保佑儿童和谷物的平安。

这是一种外人看起来十分恐怖的仪式，因为神力代表必须赤裸上身，让钢钩深深地刺入自己背部两侧。而且在游行的时候，神力代表还会不停地摇着，这就意味着钢钩会在他的背部不停地动来动去，疼痛感会增加。在外人看来，被选为神力代表一定是件倒霉的事情，需要忍受很大的痛苦，但在当地人看来，这是一种荣誉。最为关键的是，神力代表在仪式举行的过程中不会感觉到任何痛苦，反而会很快乐。等仪式结束后，神力代表背部的钢钩会被取出来，然后有人会在他的伤口上撒上一些柴灰。这种简单的伤口处理方式在许多人看来也是不可思议的，有的人甚至认为伤口一定会发炎。但事实却是，所有神力代表的伤口会迅速地愈合，大约两个星期后，就会痊愈。

该如何解释这种看起来十分神奇的现象呢？在当地人看来，这是神力的结果，是神在保佑他们。但事实上，却是心理暗示在起作用。心理暗示是我们经常会听到的一个名词，我们也相信心理暗示的存在，但我们往往会忽略心理暗示的力量。心理暗示不仅会改变我们的心理和行为，还能在一定程度上改变我们的生理功能，比如抵消疼痛感。

在钩摆仪式中，神力代表的背部虽然被钢钩深深刺入，但他整个人的状态却是异常亢奋的，他在潜意识中不停地暗示自己，这是一种荣耀，他该为此而感到自豪。这种暗示会让他忽视背部的疼痛并且在体内产生一种类似强力镇痛剂的化学物质，这种化学物质与吗啡的作用类似，能减轻甚至消除掉疼痛感，并让人产生快乐的感觉。

像钩摆仪式这种能让人改变生理特征的强烈暗示虽然不常见，但利用暗示让自己摆脱痛苦在我们的生活中却时有发生，只是我们没有意识到。例如，当一个人遭遇挫折的时候，他会觉得痛苦，这种感觉与疼痛感十分相似，这时候他便会尝试用各种暗示的方式安慰自己，让自己快乐起来。暗示除了能让人的心理状态改变，还会影响人的行为，让人振作起来。

心理暗示就好像硬币一样有正反面，除了能产生积极的作用，还有消极的一面。在消极暗示的作用下，我们的心态会变得越来越消极，会出现沮丧、焦虑等许多负面情绪，从而丧失对生活的热情。这种心态会让我们变得没有自信，甚至看不到希望。

在美国，有一个著名的击剑运动员，他曾两次被一名古巴击剑选手击败。这名古巴选手成了他永远绕不过去的“魔障”。在一次比赛中，他被告知这次的竞争对手仍然是那名古巴选手。有了前两次失败的经验，他开始觉得自己无法战胜对方，许多观众也有相同的看法。在赛前训练中，他的积极性不高，似乎没什么动力，他知道自己不可能赢得这次比赛。

所幸，这名击剑运动员遇到了一名心理学家，心理学家教给他一个小窍门，这个小窍门成了他取得胜利的关键。心理学家让他不停地叙述一段话，大意是在未来的比赛中，那名古巴选手一见到他就害怕，此外心理学家还让他强调自身的优势。这样反复地自我暗示，让这名击剑运动员渐渐恢复了自信，他从恐惧的情绪中摆脱出来，开始相信自己能赢得比赛，对自己的优势越来越自信。于是，在比赛开始后，他以饱满的精神状态去迎战对手并最终赢得了比赛。

我们在做一件事情前，消极的暗示往往会抑制我们能力的发挥。我们会在消极暗示的作用下，丧失自信，一遇到困难马上就觉得自己不行，甚至连努力一下都不肯。长此以往，消极暗示就会演变成自卑的心理，会让人觉得自己这也不行那也不行，最后真的什么也做不成了，个人能力和优势完全被淹没了。

心理暗示之所以会产生这么大的作用，是因为心理暗示在作用于我们的潜意识，也就是说我们的潜意识在左右着我们。潜意识是一个心理学的概念，通常是指心理上我们不能认知或没有认知的部分，也就是说潜意识是隐藏起来的，我们意识不到。

通常情况下，潜意识不受我们的控制，我们只能控制自己的意识，让自己的意识变得充满正能量。但我们的意识总会轻而易举地被潜意识所影响，我们的潜意识会决定我们的心理或行为。在每一个人的幼年时期，也就是 6 岁以前，潜意识就已经形成并定型，这通常与我们的生活环境密切相关，尤其是父母的教育。这是我们所无法控制的，我们被动地接受了父母的一些观点。但成年后，我们却可以有意识地管理和影响自己的潜意识。

对于许多成年人来说，他们很少会注意到潜意识的影响力，也不会对自己的潜意识进行管理，但却总会受到潜意识的消极影响。在管理潜意识的方式中，积极的心理暗示是最常见的。在反复的积极心理暗示下，我们的潜意识会接收这种信号，从而产生积极作用。

积极的心理暗示有许多种方式，以下三种是比较有效的：第一种，设计一个属于自己的鼓励常用语，每当自己不安或沮丧的时候，就用这句话鼓励自己；第二种，学会自我肯定，就算没有人看到你所取得的成绩，你也要为自己“喝彩”；第三种，让积极的情绪与某种行为联系起来。这样，每当我们去做某件事情时，就会出现相应的积极情绪，从而变得更有动力。

让自己快速振作的方式

2009 年，一个名叫里奥·梅西的足球运动员当选为“世界足球先生”和“欧洲足球先生”。在接下来的几年，梅西不断地创造辉煌，赢得了许多荣誉。但就是这样一个举世闻名的球星，在 11 岁的时候曾被诊断为发育荷尔蒙缺乏综合征，也就是侏儒症。这意味着，梅西与长高无缘了。对于许多男孩子来说，瘦小的身材本来就足以让他在伙伴们面前自卑不已，更何况梅西想要成为一名足球运动员，这个消息对梅西来说几乎是毁灭性的打击。

本来，梅西是当地街区少年足球队的主力，许多人都很看好梅西，有的足球队教练甚至想把梅西纳入麾下，但听说梅西身患顽疾后便望而却步了。其实，梅西的顽疾并非绝症，可以通过注射生长激素来改善症状，但每月注射生长激素的花费不是一般家庭所能承担得起的。梅西的父亲是个足球教练，他深知儿子对足球的喜爱，便开始变卖家产为梅西治病，但这些钱，在高昂的治疗费用面前只是杯水车薪。

2000 年，幸运之神光顾了梅西。教练库卡十分看好梅西，便把他带到了巴塞罗那。在球队中，13 岁的梅西是最矮的一个，也是被嘲笑的对象。最初，其他教练也不怎么看好梅西，毕竟身高是一个足球运动员必备的硬件条件。但梅西却从未放弃过对足球的热爱，他不停地暗示自己："梅西，你一定能成为最优秀的足球运动员。"每次进行足球训练的时候，梅西总是用"我能行"的暗示方式给自己打气。

梅西的努力和坚持没有白费，他的球技终于得到了认可。他与巴塞罗那俱乐部签订了一份合同。为了让梅西长高，巴塞罗那俱乐部想了许多办法。在经历了多次的治疗后，梅西终于达到了足球运动员的标准身高。

在以后的训练和比赛中，梅西总是不停地运用自我暗示的方式给自己以鼓励。在这种积极的自我暗示下，梅西变得越来越自信，而这在比赛中是十分重要的。每次面对挫折时，梅西也能以最快的速度进行自我调整，通过暗示让自己尽快振作起来。

自我肯定式的暗示之所以有如此神奇的效果，是因为这与自我效能有关。当一个人遭遇挫折时，他的情绪状态一定处于低自我效能感中：没有自信，常常会对现实采取回避的方式，经常被焦虑或抑郁所折磨。但在自我肯定式的暗示下，自我效能往往能恢复到正常水平，从而在应对各种问题时起到积极的作用。

自我效能还与个人控制力有关。控制力是一种正向感受，如果丧失了控制力，那么我们就会陷入无助之中。无助只会让我们的情绪更糟糕，甚至会产生绝望的心理。而这是十分危险的，会使我们的身心都处于不健康的状态。

以下这个心理学实验就充分说明了控制力的重要性。

实验者将小白鼠分成了三组。第一组和第二组的小白鼠都需要接受电击，第三组的小白鼠则不被电击。不同的是，第一组的小白鼠可以通过学习避免被电击，第二组的小白鼠不论如何努力都必须接受电击。

一段时间后，所有的小白鼠都被实验者植入了癌细胞，实验者想看看到底哪组小白鼠更能抵抗癌细胞的侵蚀。结果显示，第二组小白鼠的死亡率要远远高于第一组和第三组。该实验结果充分说明了控制力的重要性，有了控制力我们就能尽快振作起来，并抵抗挫折。如果没有了控制力，就容易陷入绝望之中，这只会让人变得更加消沉。

上述实验结果同样适用于人类，心理学家艾伦·兰格和朱迪斯·罗丁就用实验证实了这一点。虽然实验对象是老年人，但实验结果却适用于所有年龄阶段的人。

老年人通常被认为是社会的弱势群体，需要得到人们的照顾，尤其是重病缠身的老年人。如果一个人不能做到生活自理，需要借助其他人的帮助，那么他一定会有一种莫名的怒火和无助感，其心理状态也一定很糟糕。

兰格和罗丁选择了一个名叫阿登屋的养老院。这里的老人身心健康，经济背景也都相似。实验者随机挑选了一些老人作为参与者，其中有男有女。这些参与者被分成了两组，第一组的参与者会被安排进行责任感提升训练，第二组的参与者则不需要进行这项训练，而且其生活也会被工作人员安排得妥妥当当。

实验开始后，实验组织者会对第一组的参与者说："你们有责任也有权利安排自己屋内的设施布置，你可以选择保持原样，也可以让工作人员帮你布置，这一切的决定权都在你自己手中。另外，我还想送给你们每个人一件礼物，这是一棵植物。当然，你们可以选择接受，也可以拒绝。但如果接受了礼物，这棵植物就是你自己的了，你有责任照顾好它。最后我还有一个消息要告诉你们，周四和周五的晚上会放映电影，你们可以任意选择在哪一天看电影，这是你们的自由。"

第二组参与者所得到的说辞是另一种："我希望你们能在这里安度晚年，我们会尽量给你们安排一种舒适的生活，希望你们能在这儿生活得快乐幸福。因此我们的责任是为你们提供一切可能的服务，尽全力帮助你们。另外，我们还为你们准备了一份礼物，这是一棵植物。从此之后，这棵植物就属于你了。不过你们也不用担心，会有工作人员帮你照顾它，每天会按时给它浇水。最后我们还有一个消息要通知你们，周四和周五晚上会放映电影，随后我们会安排你们在其中一天观看电影。"

虽然两组老人的生活很相似，但感受却不同。第一组的老人拥有对生活的控制感，而第二组的老人却丧失了对生活的控制力。在实验进行了三个星期后，老人们在测试中表现出很大的差异，而测试与快乐、活力、机敏和活动参与度等方面有关。

实验结果显示，第一组的参与者比第二组的参与者更快乐和更有活力。在参加访谈的时候，访谈者对第一组参与者机敏度的评价也要比第二组高很多。

在有关参与度的测验中，两组老人的表现同样相差很大。实验组织者为老人们举行了一场猜果冻豆的比赛，让老人自己决定是否参加比赛。结果第一组的绝大多数老人都积极参加了比赛，而第二组的老人只有一个主动参与了比赛。

一年后，实验组织者发现两组老人的精神状态出现了明显的差异，第一组的老人更积极和乐观，在养老院的生活过得十分愉快。除此之外，两组老人的健康状况也有明显差异，第一组老人更为健康，死亡率更低。

控制力之所以这么重要，是因为有了控制力我们的自我效能感就会提高，会相信自己有能力完成所制订的目标，这样会使我们更加快乐，也能让我们在遭遇挫折时更快地进行自我修复。

恢复控制力和自我效能有许多种方式，其中自我肯定式的暗示是最迅速的，而且能产生立竿见影的效果。但在使用该种方式时需要注意以下几点：

第一，最好使用积极正面的词语和肯定句对自己进行激励，尽量避免使用贬义词和否定句。例如，如果一个人想要改掉懒散的习惯，最好用“我会越来越勤奋”的语句，而不是使用“我不要懒惰”。

第二，暗示语句不宜过长，最好使用简短的语句。越是简短有力的语句，就越容易在自我暗示时产生强烈的情绪体验，从而容易说服自己。

第三，频繁地进行自我暗示。不断地重复自我暗示的语句虽然看起来很简单，但却很难坚持下来。一旦坚持下来了，我们的潜意识就会接受这种自我肯定式的暗示，从而使我们越发相信自己。

幸好还有希望

小约翰在离开家去纽约之前，曾和父亲探讨过这样一个问题：在这个世界上，什么东西能让人排除一切烦恼？小约翰认为，这样东西是金钱，只要有了金钱，一切困难就会迎刃而解。但父亲却并不这样看，他把答案写了下来并放进一个信封里。在小约翰离开前，父亲把这个信封交给了他："在你觉得最苦恼的时候打开它，它一定能帮助你渡过难关。"小约翰虽然接过了信封，但并不相信："爸爸，我宁愿这里面放着一张巨额支票。除了金钱外，其他的东西对我一点儿用也没有。"

纽约并不像小约翰想象的那样美好，在这里讨生活十分辛苦。每当遇到困难时，小约翰就会想：如果有钱就好了，这样我的日子就会好过多了。为此，小约翰开始拼命地赚钱。

小约翰用了 4 年的时间创建了一家公司，他也过上了自己曾经梦寐以求的有钱人的生活。这时，小约翰越发肯定了金钱的作用，他还向父亲炫耀自己当初的看法是正确的。

后来，小约翰认识了一位名叫琼斯的漂亮姑娘。他对琼斯一见钟情，便开始追求琼斯。后来琼斯接受了他，小约翰觉得自己非常幸运。从那以后，小约翰便把公司交给副总打理，他则开始和琼斯享受恋爱的美好时光。

一天，小约翰的情人琼斯消失了。巧合的是，公司的副总也消失了。很快，小约翰就意识到这不是巧合，因为他发现自己的公司变成了一个空壳，账目混乱不堪，公司账户上的钱全部消失了。一时间，小约翰的大脑一片空白，他不知道该如何应对自己所面临的这一切。

等小约翰缓过神来后，他突然想到了父亲的那个信封，他决定打开看看。在打开之前，小约翰却在不停地祈祷："千万别是支票！千万别是支票！"因为这个时候，金钱已经无法给小约翰带来快乐了。

信封里面只有一张纸，上面写着一句话："幸好还有希望！"看到这句话后，小约翰所有的烦恼都好像被驱散了，他突然觉得未来的生活充满了阳光。之后，小约翰给爸爸打了一通电话："爸爸，我不得不承认，你是对的。'希望'才是治愈一切烦恼的灵丹妙药。"

当我们追求某个目标时，如果获得了成功，就会产生高希望，从而产生许多积极情绪，会对自己的未来充满了热情。但当我们面临失败时，就会成为低希望者，会出现许多消极情绪，做什么事情都无精打采，好像丧失了自我价值一样。

在实现目标的过程中，我们一定会遭遇某些阻碍，这些都会给我们带来压力。当我们克服了困难后，就会觉得自己更加接近既定的目标了，这是一种积极强化，会带来积极的情绪和继续努力奋斗的动力。相反，如果失败了，就会产生相反的结果，会削弱自己追求目标的希望。

想要重获希望，我们就必须合理利用心理暗示。心理暗示在现实生活中随处可见，我们经常会受到心理暗示的影响。心理暗示是一种力量，是一种武器。它本身无所谓积极和消极，关键在于如何使用它，从而让心理暗示产生积极的影响。

心理暗示之所以会对我们产生影响，是因为它能作用于潜意识。而潜意识则会作用于我们的心理或行为，从而影响事情的结果。

一旦我们的潜意识接受了某种观点，这种观点便开始产生影响。例如当一个人遭遇了失败后，会觉得自己是个无能的人。如果他一直认为自己是个无能的人，那么这种心理暗示就会被潜意识所接受，这个人就会变得越来越沮丧，看不到未来的希望，他会继续经受一系列的挫折和失败。相反，如果这个人给自己的心理暗示是积极的，那么他就会渐渐从失败的阴影中走出来，重新获得希望。

一位老教授带着几个年轻人组成了一个探险队，他们将进入一个人迹罕至的洞穴探险。在进入洞穴前，老教授包括其他成员都做了十分充分的准备，防止在洞穴内迷路。但不幸的是，他们还是迷路了。等他们意识到自己迷路后，许多人开始慌了，因为这意味着他们极有可能会死在洞穴中。

这时候，老教授对他们说：“我发现了前人留下的记号，只要我们按照这个记号走下去，就一定能成功地走出洞穴。”说着，老教授便把记号指给其他成员们看。虽然那个记号只是浅浅的一道横线，但他们就像看到了洞口的光线一样，立刻燃起了能成功走出洞穴的希望，跟在老教授后面开始朝着洞口走去。

老教授带着这几个年轻人在洞穴里兜兜转转了很长时间，终于找到了出口，成功地走出了洞穴。等他们出来后，纷纷感叹：真是太幸运了，真感谢前人留下的记号！这几个年轻人还对老教授说：“幸亏您观察得仔细，不然就错过了那些记号。”老教授却说：“那些记号根本不是前人留下的，是我趁你们没注意时用随手捡起的石块儿画上去的，为的就是让你们重新燃起走出洞穴的希望，如果没有了希望，我们就真的要死在洞穴里了。”

对这支探险队伍来说，老教授是核心人物，他有着丰富的洞穴探险经验。所以在迷路后，老教授说自己发现了前人的记号，大家都选择了相信，立马接受了这个信息，并且丝毫没有怀疑它的真实性。

老教授的这句话之所以能产生起死回生的效果，是因为其他人包括老教授自己都接受了这种心理暗示。对于其他成员来说，他们把老教授的这句话内化为自己的心理暗示，从而让其作用于潜意识。

在现实生活中，我们会像这支探险队的成员一样，接收来自他人的暗示。但这种暗示到底是否会产生作用，那就要看自己是否相信它，是否会认同它。一旦相信并认同了，他人的暗示就会变成自我暗示，就会产生作用。

我们的潜意识在接收心理暗示的信号时，是没有分辨能力的，不会因为这个心理暗示是消极的就不予接受。只要是心理暗示，我们的潜意识就会全部接受。

因此，我们要对自己的潜意识施加积极的心理暗示，只有这样，在遭遇挫折的时候，我们才能重新燃起希望，而希望会带领着我们走向成功。反复不断地对潜意识进行积极的心理暗示，我们的潜意识就会抛弃过去消极的心理暗示，接受新的积极的思维习惯。

有了希望，我们就会变得积极热情，而这种积极的情绪反过来还会对潜意识产生积极的影响。这样就会形成一个良性循环，一切不好的想法都会被阻隔在潜意识之外，不会再对我们的心理或行为产生影响。

让暗示造就乐观

安迪·葛洛夫是英特尔公司的前总裁，创造了半导体的神话。安迪在成为业界传奇之前，曾经历过几次破产。但每次破产都没有击败他，他总是能迅速恢复自信，重新开始，这与他乐观的态度是分不开的。

安迪的童年正是纳粹横行时，而安迪恰恰是犹太人。在纳粹的压迫下，安迪迫切地想要改变眼前的苦难，他开始渴望成就一番事业。当安迪还是一个学生时，就开始做起了半导体的生意。安迪从批发商那里购买一些半导体的零件，然后自己进行组装，最后以低廉的价格出售给同学。安迪的半导体物美价廉，受到了许多同学的喜爱，他的生意做得风生水起。

长大后，安迪便开始创业，继续做半导体的生意。但创业对于安迪这个穷小子来说是那么艰难，在经历了两次破产后，安迪虽然很快崛起，但命运好像很喜欢和他开玩笑，他很快就经历了第三次破产。这一次，安迪看不到成功的希望了。

一天傍晚，安迪突然心烦意乱，便到河边散步。看着平静的河水，安迪觉得很难过，他想到了自己破产的境况，还想到了过世的父母，甚至还想到自己困苦的童年。这些都让安迪觉得生无可恋，他突然有了想跳河的冲动。

这时，迎面走过来一个年轻人，他身上背着一个鱼篓，嘴里哼着歌，看起来心情很不错。安迪觉得他一定钓了许多鱼，就对他说："看你心情这么好，鱼篓里一定有很多鱼吧？"年轻人回答道："没有啊，我今天的运气不怎么好，一条鱼也没有钓到。"这个回答让安迪很吃惊："既然如此，你为什么这么高兴？"年轻人说道："因为我看到了这么美丽的风景。"

年轻人的这句话立刻让安迪改变了之前的想法，他便请这位年轻人和他一起创业做生意。这个年轻人后来成了安迪的得力助手，他就是拉里·穆尔。

这一次，安迪创业成功了，并创造了半导体的神话，也成了远近闻名的富豪。许多人对安迪所取得的成功都敬佩不已，但却对安迪身边的拉里充满了疑惑。在许多人看来，拉里是个半导体的门外汉，而且也没有经商的才能，根本不适合做安迪的助手。当有人向安迪提出这个疑问后，安迪的解释是："我虽然精通经商和半导体，但却没有拉里的那种乐观和豁达。拉里的乐观总是能影响到我，还能帮助我做出不错的决策。他就是我的福星。"

许多人都很羡慕安迪所取得的成功，但却忘记了安迪在经历破产时所遭遇的痛苦。在安迪向别人解释为什么让拉里做自己的助理时，其实也说出了自己之所以会取得成功的诀窍。安迪的经商才能以及他对半导体的精通固然是他取得成功必不可少的因素，但拉里所教给他的乐观和豁达也同样重要。乐观和豁达不仅让安迪获得了看待问题的新视角，同时还能让安迪做出更好的决策。

乐观的对立面是悲观。在悲观态度的影响下，我们会产生各种各样的消极情绪，例如焦虑、恐惧、抑郁等。这个时候，我们就需要进行自我调整，让自己从悲观中走出来。但自我调整往往是很难做到的，因为人在悲观的时候总会想着逃避，逃避会引起自己焦虑的问题。这是一种趋利避害的本能。

但逃避根本无法解决问题，只会让消极的情绪积压起来，等达到某种程度后，就会让一个人彻底被消极的情绪所征服，从而陷入悲观与失败的死循环之中，有时候甚至会影响身体健康。

在心理学上，乐观的定义是“相信好事而不是坏事将会发生”。也就是说，乐观是一种态度，是一个人面对生活中所发生的事情时所抱着的一种积极的看法。

一个人之所以能取得成功，有许多客观的因素，例如运气、环境、背景、天赋等。这些客观因素都是我们所不能决定和左右的，但我们可以决定自己的态度，让自己用乐观的态度去面对所发生的一切。调查结果显示，在取得成功的决定因素中，乐观的态度占据了 80% 的比例。也就是说，乐观的态度决定着一个人到底能否取得成功。人们都喜欢和乐观的人在一起，这是因为人们都对快乐有着天然的亲近感，乐观的人能给我们带来快乐。

有这样一个心理实验。实验组织者找来一批身体状况相似的学生进行投篮技巧训练。实验组织者把这些学生分成了三组，每组学生所进行的投篮技巧训练都不同。

第一组的学生需要进行20天的投篮技巧训练，但教练只会记录下每个学生第一天和最后一天的成绩，其他时间只需要自由训练即可。

第二组的学生不需要进行投篮技巧训练，只需要在第一天和第二十天进行投篮，然后教练记录下他们的成绩，其他时间学生可以自由安排。

第三组的学生需要在第一天进行投篮，然后让教练记录下成绩。随后的20天内，他们虽然不需要进行投篮技巧训练，但却需要每天花费20分钟的时间在脑海中想象自己在进行投篮技巧训练，甚至还需要在脑海中想象自己纠正投篮的动作、最后投篮命中的场景。在最后一天，他们将会和前两组的学生一起接受测验。

测验结果显示，第二组学生的成绩是最差的。第一组和第三组学生的成绩比较接近，而第三组学生的成绩要略优于第一组的学生。因为积极的想象赋予了第三组学生乐观、自信的心态。

这个实验结果说明了一个人在做某件事情时，态度是至关重要的，直接影响事情的成败。

而态度又有乐观和悲观之分，乐观态度所产生的积极影响自然不必多言，但悲观态度所产生的消极影响却往往难以引起人们的重视。悲观会让一个人变得焦虑和情绪低落，会影响人的身体健康。据研究，悲观的人从很年轻的时候起，身体就开始出现问题。随着年龄的增长，身体健康隐患会变得越来越严重，而这反过来还会加重悲观的情绪。到了老年时期，悲观的情绪会变得更加严重。

悲观情绪所导致的身体症状常常是胸闷和心慌。当一个人出现此类症状后，就会觉得自己的身体出了毛病，会到处求医问药。糟糕的身体状况会加剧人的焦虑，最后甚至会导致身心都出现问题，这时候就更别说什么成功了。

调查研究显示，在面对压力时，乐观的人更容易看得开，不至于让糟糕的情绪影响自己的身体健康。乐观的人即使身体出现问题，甚至做手术，他的恢复能力也远远高于悲观的人，因为乐观会使一个人的免疫力得以增强。悲观的人比乐观的人更容易患上心脏病。

除了身心健康，态度还会影响一个人生活的方方面面。悲观的人更容易在工作和学习中遭遇阻碍，更难在事业上取得成功。在人际交往上，悲观的人也面临着更多的问题。

在面对糟糕的事情时，我们都会出现焦虑情绪。关键是，我们得使用自我暗示的方式让自己的注意力从糟糕的事情上转移开，多对自己说一些积极正面的话，让自己变得乐观起来。这样，乐观就会在暗示的帮助下驱散焦虑和悲观的情绪。

接纳自己才能快乐

维恩·特罗耶是好莱坞的一名侏儒演员，他的身高虽然只有80厘米，但名气却很大。在电影中他的表现十分出色，让观众很容易就记住他；参加节目的时候他总会展现自己幽默风趣的一面，从而赢得观众的喜爱。在美国许多矮个子的人看来，维恩就是他们的精神偶像。

身材矮小的人在学生时代，往往是被嘲笑或欺负的对象。但维恩却并未有过这样的遭遇，他是班里有名的孩子王，总是非常受欢迎。后来，维恩的班里来了一个大个子的男生。这个男生总是仗着身材高大的优势欺负班里的同学，许多同学见到他都会躲着走，不想招惹他。但维恩却并不在乎，也不害怕，还想着怎么教训一下这个嚣张的大个子。

一天，维恩和大个子的矛盾终于爆发了。两人在操场上发生了激烈的争吵，最后两个人都决定用武力解决问题。这对维恩来说，他的身高显然处于劣势，大个子的身高优势让许多人都为维恩捏把汗。但维恩却一点儿也不害怕，他瞅准机会跳了起来，直接朝大个子的脑袋上打了一拳，把大个子给打蒙了。

长大后，维恩成了著名的演员，他从未为自己的身高而自卑过，甚至还为此感到自豪。在一次采访中，维恩表示：他将来可能会竞选美国总统。因为在美国，演员参与政治是有先例的，例如，总统里根就曾是一名演员，施瓦辛格也是一名州长。维恩还提到了自己的优势，他觉得身高能为他争取到所有矮个子的选票。而且维恩还认为自己能为人们带来快乐，他觉得美国社会太严肃了，应该轻松一些。

在现实生活中，很少有人能像维恩这样，做到扬长避短，把自己的劣势变成优势。生活中更多的人只能看到自己的劣势，羡慕着别人的生活。如果可以选择的话，恨不得和别人交换生活，认为那样自己就会过上幸福快乐的日子。

事实证明，如果一个人看不到自身的优点，无法做到自我接受，那么他是不可能快乐的，也不可能获得真正的成功。如果我们能做到接受自己所面临的现状，包括自己的缺点和所犯下的错误，那么我们就能学会自我接受。

自我接受不仅意味着要发现自己的优势，还意味着要正视自己的缺点。后者往往很难做到，许多人总是喜欢自欺欺人，回避自己的缺点，好像这样就能让自己舒服一些。但显然，这样的做法根本达不到自己所预期的效果，周围的某个人或某件事会提醒你，让你看到自己的缺点。

如果一个人学会了正视自己的缺点，也不意味着就学会了自我接受，反而很容易陷入自我厌弃之中，将自己的缺点无限放大。在接受自己的缺点的同时，我们应该认识到缺点只是自己的一部分，并不是全部。这样，我们才能看到自身的优势所在，才能真正学会自我接受。当然，有时候缺点并不一定就是劣势，关键在于我们如何看待它。

有一个商人在南方谈生意，准备回家的时候，他突然想起一个朋友快过生日了，就决定在当地给朋友挑选一件生日礼物。商人想送一件特别的礼物，既能表达自己对朋友的祝福，也要不失高雅。最后，商人决定到当地最著名的画师那里，让他画一幅牡丹图，因为牡丹既显得高雅，还象征着富贵。

回到家乡后，商人便带着这幅牡丹图去参加了朋友的生日宴会。如商人所愿，朋友十分喜欢这幅牡丹图，还特意让人展示给所有的宾客观摩。这一看不要紧，有眼尖的宾客发现了牡丹图一个致命的缺点，有一朵牡丹画得不全。这可不是一个好的寓意！牡丹象征富贵，牡丹不完整不就是在说“富贵不全”吗？

这下，商人就变得尴尬了，他本来是想讨个富贵的彩头，没想到会面临这样的局面。很快，主人就站出来缓解这尴尬的氛围：“大家仔细看看，那朵没画完的牡丹也没有画它该有的边缘，这就是‘富贵’却‘无边’，不就是说‘富贵无边’嘛，真要谢谢朋友送给我的好寓意！”众人听后，纷纷赞赏起这幅牡丹图来，觉得它是一幅颇有深意的佳作，而商人也没有那么难堪了。

追求完美固然是不错的，但我们还应该认识到，这个世界上没有一个人或一件事物是完美无缺的，不足是客观存在的。但关键在于，我们该用怎样的态度去看待自身的不足。

如果只看到自身不足或不利的一面，那么我们就很难发现自身的优势或把不足转化成优势。因为我们会在妄自菲薄和自我批评中渐渐消沉下去，觉得自己是一无所长的人。即使发现了自己的优点，也会陷入不足的痛苦中，不会相信自己想要达到的目标通过努力就能成为现实。

这个时候，我们需要积极心态的帮助，多想想自己的优点，最好是能达到自我欣赏的程度。一旦养成了积极看待自身的习惯，那么我们就会变得快乐起来，这时候你会发现周围的一切都变得美好起来，他人也变得友善了。

每个人在心中都会对自我形象有个大概的认知，这种自我形象的认知大多来源于周围人的评价。这些评价有时候会是正面的，但有时候却是负面的。这个时候，自我接受和肯定就变得重要起来。自我接受和肯定有利于我们在心中为自己树立一个正面的形象，从而让自卑远离自己。

在进行自我肯定的暗示时，最好采用第二或第三人称的方式，尽量不要使用第一人称，例如，在暗示自己的某项优点时，前面最好加上自己的名字。这样的暗示就好像是他人的夸奖一样，会让我们很快地接受这种积极的暗示。

当一个人遭遇挫折时，发现自己的优点就变得尤为重要，这决定着一个人到底是重整旗鼓还是一蹶不振。

1929年，纽约股市崩盘，许多公司都受到了致命的打击，面临着破产的危险。一个大公司的老板回到家后，把股市崩盘的消息告诉妻子，还说他今后将会变得一无所有，法院很快就会没收他的所有财产。

妻子听后不仅没有像他一样失落，反而提醒他，除了财产外，他还有健康的身体和一个幸福美满的家庭。妻子还鼓励他说，他的头脑如此灵活，一定会东山再起的。至于被查封的财产，就当白忙活了一场，以后一定会再赚回来。有了妻子的鼓励，他很快就振作起来，三年后他的公司再度被《财富》杂志评选为全球五大企业之一。

当我们遭遇挫折和失败时，我们不应该迫切地清算自己所犯下的错误，过分地执着于所失去的东西，而是应该自我接受，发现自己的优点，恢复已失去的自信。

让自己重新自信起来的方式有很多种，其中口头肯定和书面肯定是两种有效的方式。口头肯定其实就是不断地重复自己的优点。如果真的发现不了自己的优点，可以想象自己想要成为什么样的人，把理想中的自己当成优点进行口头肯定。书面肯定比口头肯定要麻烦一些，需要把自己的优点或对自己肯定的语句写下来。此种方式虽然麻烦，但效果却不错，能对我们产生很大的影响。

福佑与诅咒

有这样一个故事：有一个人有两个儿子，大儿子总是很快乐，而小儿子却总是郁郁寡欢。有一天，他做了一个测试，把大儿子关在了一个堆满牛粪的房间里，把小儿子关在了一个有许多玩具的房间里。一段时间后，他去看小儿子，却发现小儿子依旧不快乐，小儿子哭着说："这里的玩具太多了，不知道到底该玩哪一个。"他去看大儿子时，发现大儿子在牛粪中玩得很快乐，看到他后还兴冲冲地喊道："爸爸，快告诉我，你到底把玩具藏到哪堆牛粪里了？"

这个故事说明了乐观心态的重要性，同时也说明了一个客观存在的事实——有的乐观是天生的。研究显示，快乐与我们大脑中的前额叶左侧区域有着密切的关系。在现实生活中，我们经常发现有些人是天生的乐观派，他们总是显得那么快乐，但有些人却总是郁郁寡欢。这是因为人的性格与基因有一定的关系。基因虽然是我们不能改变的，但这并不意味着我们不能决定自己到底是快乐还是抑郁。也就是说，从很大程度上来说，是否快乐是我们可以掌控的。

在许多人看来，生活环境等客观因素也影响着一个人是否快乐。当有人对自己的环境不满意时，就会认为只要有钱，自己就可以获得优越的环境，就能快乐。当工作不顺利时，就会觉得只要工作顺利，自己就会快乐。这些客观因素的确会影响我们，但它们所能发挥的影响力却远没有我们想象中的那样巨大。

在当代社会，金钱是一个重要的客观因素。有研究显示，在经济不发达的国家，经济收入与幸福感有着十分密切的关系。但当一个人的经济收入达到一定水平后，金钱对幸福感的影响就不再那么重要了，金钱甚至会变得与幸福感毫无关系。

此外，我们还常常忘记一个重要的因素，即享乐适应。享乐适应虽然是心理学上的一个概念，但在现实生活中却十分常见。例如，每个人都梦想着中彩票，觉得如果自己能得到一笔巨额的意外之财，就会从此过上幸福的生活。如果真的中了彩票，你的确会十分开心，做梦都会笑出声。但这种快乐的情绪并不会持续多长时间，你高涨、兴奋、激动的情绪很快就会平息，你会渐渐适应自己拥有一笔巨款的情况，会渐渐回到中奖之前的状态，因为我们人类有很强的适应能力。

排除了基因和客观环境等因素，还剩下 40% 的快乐是我们能自主决定的。如果一个人能把这 40% 的快乐激发出来，就会过得足够幸福了。也就是说，一个人是否快乐，还取决于一个人的主观意志。

威廉森出生于美国，他是个双性人，也就是我们通常所说的阴阳同体。在成长的过程中，威廉森总是在快乐和痛苦之间不停地切换。

在威廉森的父母看来，威廉森的性别是撒旦的诅咒，父亲看不起他，母亲对他也总是疏远和厌恶。威廉森的父母甚至不知道该以什么态度来对待威廉森，因为他们不知道威廉森到底是男孩还是女孩，他们不知道该用男孩的标准还是用女孩的标准去要求威廉森。在成长的过程中，威廉森会被父母带到教堂去参加一些宗教仪式，这是让威廉森最难堪和痛苦的时刻。因为父母这么做，只是为了让神父驱除威廉森体内的恶魔。他们相信正是因为恶魔附身，威廉森才会从一出生就不男不女的。有时候，神父会给威廉森一张纸巾，让威廉森把恶魔咳出来。从记事起，威廉森就知道自己是被上帝所遗弃的，而双性人的生理特征就是上帝对他的惩罚。

不过，威廉森也有快乐的时候，那是他在祖母身边度过的一段美好时光。在祖母看来，威廉森的双性人特征是神灵赐予的福佑而不是诅咒。祖母还告诉威廉森，他是双性人意味着神灵赐予了他一个独特的使命，他将来一定会做一些重要的事情，而且威廉森还能获得一种非凡的力量，这种力量既有女性的优点，又有男性的优点。这些话让威廉森十分快乐，他也相信自己生而不凡，是被神灵眷顾的幸运儿。

当威廉森回到自己家时，他总会觉得恐惧和痛苦，他最喜欢待在祖母家里。而祖母也曾向母亲要求，希望威廉森能在她身边长大。虽然威廉森的父母并未同意祖母的要求，但却允许威廉森经常到祖母家中居住。每当威廉森觉得痛苦不堪的时候，就会到祖母家里，那样他的痛苦和恐惧就会有所缓解。

威廉森的亲身经历告诉我们，当我们无法改变客观存在的事实时，我们就只能选择接受积极的暗示，让自己生活在快乐之中。在现实生活中，快乐还是很容易做到的。

美国心理学家马丁·塞利格曼曾经做过一个实验，这项实验的目的就是通过一些简单的操作，让患有抑郁症的人产生快乐的体验。在参加实验的患者中，有抑郁症十分严重的患者，严重到根本无法下床，但塞利格曼所设计的操作十分简单，即使是在床上也可以进行。

所有患者每天只需要坐着上网浏览各种新闻和信息，然后在纸上写下他们在网上看到的三件好事。不需要多，只三件就可以。

在实验进行了15天之后，塞利格曼开始为所有的患者进行测验。结果发现，所有患者的抑郁症状都减轻了许多，而严重的抑郁症患者已经转变成中度抑郁或轻度抑郁。这说明，在实验期间所有的患者都体验到了快乐。因为他们所写下的三件好事对他们产生了积极的暗示，在暗示他们生活是如此美好。

如果你觉得生无可恋，身边一点好事都没有发生过，你不妨使用塞利格曼的方式，用写日记的方式记录下自己所看到的好事，最好加上自己的感激之情。这样，你就会渐渐快乐起来。

其实在现实生活中，让一个人快乐起来的方式十分简单，例如经常参加家庭或朋友聚会，经常参加体育锻炼或者是穿一件新衣服，这些都会让自己快乐起来。

每个人都会遇到各种不愉快的事情，例如压力或创伤性事件等。这个时候，我们就更需要快乐，但前提是我们得学会自我原谅，这是一种自我放松，有利于重新体验快乐。此外，我们还会经常遇到“不如人”的时候。俗话说：“人比人，气死人。”这种与人进行比较的心理虽然很正常，但却会让我们郁闷，因此要尽量避免。

Part2

暗示与压力
——从精神上减压

想要突破思维定式，就必须学会从不同的视角去看待问题。在面对一个问题时，尽量想想看问题不同的角度，从而可以从不同的视角去看待同一个问题。一旦养成了这个习惯，想要打破思维定式就会变得非常容易。

致命的压力

潘洁是个非常优秀的年轻女性，她的个人经历非常完美，从小就是典型的“别人家的孩子”，学习成绩十分优异。2003 年，潘洁成功考入了一所重点大学。对许多大学生来说，大学生活就应该是轻松和丰富多彩的，但潘洁并未在大学期间放松对自己的要求，她依旧是最优秀的，并在 2006 年获得了到新加坡交流学习的机会。大学毕业后，潘洁先后在日本和德国留学，并且获得了双硕士学位。

完成学业后，潘洁便成功进入普华永道公司，从事审计工作。工作后的潘洁依旧很拼命，每天除了正常的上班时间，还经常加班到深夜，每天都是凌晨时分才回家休息，有时候甚至凌晨三点多才回家。

一天，潘洁晚上 12 点多回到了家。这天潘洁特意早点回家，是因为她觉得身体很不舒服，再加上她最近跟进的项目完成了，决定好好休息一下。回到家后，疲惫不堪的潘洁甚至都没有力气洗漱就倒在床上睡着了。第二天，潘洁发起了高烧。当潘洁的父母发现女儿发高烧后，立刻把潘洁送到了医院。

这次的抢救很及时，潘洁虽然清醒过来了，但身体却十分虚弱，只能在家好好休息，再加上正值清明小长假，她可以趁此机会恢复一下。但潘洁的身体并未恢复健康，在清明假期结束的时候，潘洁在家中突然陷入了昏迷。虽然潘洁的父母及时把她送到了医院，但她却一直处于昏迷的状态，这已经是濒临过劳死的边缘了。

所谓“过劳死”，就是指由于长时间加班工作导致过度疲劳而猝死。过劳死这个名词是日本发明的，因为过劳死的现象最早出现在日本。

20 世纪七八十年代，日本的经济进入了一个繁荣时期。这繁荣的背后是日本人长时间的努力工作。在当时的日本，人们每天工作 12 ~ 16 个小时都是很正常的。对于日本人来说，工作或公司是被摆在第一位的，其次才会考虑到自身和家庭。在这样高强度的工作中，出现过劳死也就不足为怪了。有些人甚至说，在日本，过劳死的人数已经远远超过了死于交通意外事故的人数。

在中国，随着经济的快速发展，过劳死的现象开始频繁出现。在过劳死的案例中，工作占据了当事人大量的时间，工作所产生的压力是导致当事人健康状况恶化的主要因素之一。

在生活节奏不断加快的今天，工作所带来的压力是每个人都面临的问题。在过劳死的案例中，既有高收入人群，例如工厂老板或部门经理，也有低收入人群，例如出租车司机和企业职工。虽然他们的工作性质不同，但都面临着巨大的工作压力以及超长的工作时间，很难做到真正的放松。

2006 年 5 月 28 日的晚上，中山大学附属第三医院收治了一名年轻的患者，这名患者只有 25 岁。他平常的身体状况很不错，但却在这天晚上突然陷入了昏迷。虽院方努力抢救，但胡新宇还是不幸去世了。他虽然表面上看起来年轻、健康，但全身的许多器官都已经衰竭了。

胡新宇死亡的消息被朋友和同事得知后，人们纷纷开始猜测他的死亡原因。他们都认为，胡新宇是个身体健康的人，之所以会猝死，完全是大量的超负荷工作导致的。在胡新宇死亡的前一个月，他正在从事一项封闭的研发工作，每天都在公司加班到深夜，有时候甚至会在公司打地铺过夜。

与此同时，胡新宇的同事开始思考一个问题：努力工作的目的之一是为了提高自己的生活质量，但像胡新宇这样拼命地工作，虽然能获得不错的收入，却搭进了自己的健康甚至生命，这到底值不值？有不少人都把胡新宇的死亡归责于他所就职的公司。毕竟像胡新宇这样健康的年轻人只高强度地工作了一年，身体就被拖垮了。但也有不少人认为责任在胡新宇自己，认为胡新宇没有量力而行，没有处理好工作和休息的关系，才会导致这样的悲剧。胡新宇在工作压力过大的时候，身体一定有过不舒服的现象，但并未引起他的重视。

忙碌和争分夺秒是当代生活常见的现象，许多人也乐于过这样忙碌的生活，认为这样才能紧跟时代步伐，不至于被社会淘汰。但这样只会让人的压力更大，人毕竟不是机器，不能一直不停地高速运转。而且对于工作压力大的人来说，短暂的休息反而可以帮助自己释放压力，让自己的状态达到最佳。

工作压力的来源是多方面的。例如，当一个人遇到一个脾气不好的老板，每天上班都得战战兢兢的，不然就会被劈头盖脸地责骂。这样的工作环境，自然会让人感到压力大。再比如，如果一个人所做的工作在自己的能力范围之外，每天都会在工作中体会那种无力感或缺乏控制感，那么势必也会产生工作压力。在所有的工作压力中，紧张的状态是最难改变的。

当我们做一件工作前，会自然而然地紧张起来，这是不可避免的。这种紧张是我们努力工作的动力，但如果紧张所持续的时间过长，就会压得我们喘不过气来，会让我们的神经长期处于紧绷的状态直至崩溃。

除此之外，如果我们没有完成某项工作任务，这种紧张还会一直追随着我们。一个追求完美的工作狂，对无法完成工作任务是不能接受的，他会变得更加紧张。紧张所带来的压力不仅难以控制，还会让人觉得非常疲惫。

2004 年 4 月 8 日晚上，爱立信的总裁杨迈在健身房猝死了。当天下午 6 点半，杨迈刚刚从上海出差回来。已经连续工作了很长时间的他出差回来后就决定到健身房让自己放松一下。但没想到，此时的杨迈已根本不能做剧烈的运动了。

除了超长的工作时长外，心理上的疲惫感也是导致过劳死的重要因素之一，尤其对于一些高收入人群来说，劳心所带来的紧张感会像座大山一样压在心头。

如果无法消除工作上的紧张感，即使强制自己去休息，也不会产生释放压力的效果。很多人都有这样的体验，当一项工作没有完成时，脑袋中会不自觉地想到工作的内容，会想自己接下来该怎么做，从而导致失眠。尽量不要带着未完成的工作去放松，因为这样根本无法放松。最好选择在完成工作后再好好地休息一下，从而全身心地放松。

对于许多人来说，工作堆积如山，根本没有做完的那一天，这样该如何让自己释放压力呢？其实在工作中，我们之所以会觉得工作复杂而繁多，那是因为我们不会对自己的工作进行简化。在所有的工作中，一定有轻重缓急之分。如果按照轻重缓急的标准去划分自己所要处理的工作，往往能达到事半功倍的效果。例如，工作有重要且紧急、重要不紧急、紧急不重要、既不重要也不紧急这四种类型。因此在处理工作的时候，自然要先处理重要且紧急的工作；再抓紧时间，在极短的时间内处理好紧急不重要的工作；此后再集中精力认真处理重要不紧急的工作；至于既不重要也不紧急的工作，如果没时间可以交给别人处理，或者在时间允许的范围内暂时搁置一段时间。这样安排才能减轻自己的工作压力。

“别人”的惩罚

诸葛亮三气周瑜是小说《三国演义》中十分著名的故事。在赤壁之战中，蜀汉与东吴联合起来共同抵抗曹军。从那时起，周瑜就开始忌惮诸葛亮，暗中与诸葛亮较劲儿。在第一次较量中，周瑜和诸葛亮相约，谁能从曹军手中夺取南郡，南郡就属于谁。周瑜与曹军的第一次较量，并没有成功，还受了伤。不过周瑜并未放弃，而是将计就计击败了曹军。正当周瑜准备收获胜利果实时，蜀汉的军队突然出现，夺走了南郡等地。这是诸葛亮的计策，既能轻松夺取南郡，还让周瑜没话说。看着到嘴的肥肉突然被人抢去了，周瑜自然很生气，气得伤口爆裂，从马上摔了下来。

从此后，周瑜就和诸葛亮杠上了，非要分个高低。一天，周瑜得知了刘备夫人死亡的消息，立刻想了一条新的计策，劝孙权假装把自己的妹妹孙尚香嫁给刘备，要求刘备到东吴与孙尚香成婚，以趁机杀掉刘备。没想到，孙权的母亲对刘备这个女婿很满意，不仅阻止孙权杀害刘备，还真心想让女儿孙尚香和刘备成婚。

一计不成，周瑜又想了一条计策。他想让刘备变成一个沉迷于声色的人，直接将他留在东吴，这样就不会再有夺取天下的雄心，周瑜还特意离间刘备与诸葛亮、关羽、张飞等人的关系。但周瑜的妙计又被诸葛亮成功化解，在诸葛亮的安排下，刘备不仅成功回到了荆州，还给周瑜设下了埋伏。当周瑜看到刘备离开后，已经很生气了；率兵去追的时候，又中了埋伏，这让周瑜更加气愤。正在这种情况下，周瑜又听到蜀汉的士兵在嘲讽他“周郎妙计安天下，赔了夫人又折兵”，一下子气急攻心，上次没好的伤口再次爆裂。

赤壁之战结束后，曹军元气大伤，东吴和蜀汉的合作也结束了，这下东吴和蜀汉就成了敌人。蜀汉想要发展壮大，但东吴却很惧怕蜀汉的强大，因此便向刘备讨要被借走的荆襄九郡。三番五次地讨要后，刘备终于给出回应，这是诸葛亮出的主意，即等蜀汉成功夺取西川后，一定会归还荆州。可这份承诺迟迟没有兑现，周瑜只好主动提出协助蜀汉攻克西川。

这其实是周瑜想到的一条妙计，因为要想攻克西川就必须从荆州路过。只要刘备答应了，周瑜会立刻率军到荆州，然后就赖着不走了，这样就能轻松夺取荆州。但周瑜的计策还是被诸葛亮识破了，在荆州等待他的依旧是蜀汉的埋伏。这一次，周瑜再次气急攻心，从而导致旧伤复发，最后不治身亡。临死前，周瑜还大声喊道：“既生瑜，何生亮！”

周瑜之所以次次被诸葛亮算计，最后还气死了，就是因为他总是在拿自己和诸葛亮进行比较，面对技高一筹的诸葛亮总是不服气，在制定计策的时候往往很容易丧失理智。而且诸葛亮深谙周瑜的个性，知道他是个心高气傲的人，还专门让士兵嘲讽他“赔了夫人又折兵”。后来，诸葛亮对司马懿也使用过类似的计策，如专门派人给司马懿送女人衣服，嘲讽他像女人一样扭扭捏捏，不肯出兵迎战。但司马懿根本就不上当，也不生气。如果换作周瑜，就算没上当，也会气个半死。

诸葛亮三气周瑜的故事充分验证了那句俗语：“人比人，气死人。”虽然这只是小说中的故事，但类似的事情却在现实生活中十分常见。在我们的工作和生活中，有很多压力其实就来自这种比较心理，在比较之中变得痛苦、在比较之中变得牢骚满腹。

大多数人总会忍不住拿自己和别人进行比较，起初可能只是羡慕，但最后很可能会发展为嫉妒，会出现排斥和贬低自己的现象。

比较心理作祟，我们的认知往往会扭曲，总是拿自己的短处与别人的长处进行对比，无法做到对自身进行客观评价和认识；总会觉得自己这也不行，那也不行，从而产生自卑感。这其实就是在拿“别人”来惩罚自己，把别人的标准作为衡量自己价值的标准。这是在不断地给自己一种消极的心理暗示，会让自己变得越来越自卑，越来越焦虑。在这样的压力下，我们往往很难做到去努力工作，因为我们会产生“再怎么努力也不会成功”的感觉。

其实，我们每个人都是独一无二的，自己一定有别人所没有的长处。想要发现自己的优势并做到扬长避短，就必须得放下这种比较的心理。这样，我们才能做到从不同的视角看问题，从而发现自己所羡慕的别人的生活也是有缺陷的。

娜娜和小莉是大学同学，毕业后还在同一家公司工作，两人关系很不错，不过娜娜却很羡慕甚至有些嫉妒小莉的生活。小莉嫁了一个经济条件不错的男人，有自己宽敞的房子，而娜娜却蜗居在租来的房子中。娜娜总是忍不住拿自己的老公去与小莉的老公进行比较，结果越比较就越发现自己的老公很没用，越觉得郁闷。

有一天，娜娜去小莉家送东西。当时小莉正在打扫卫生，小莉的丈夫则怡然自得地坐在沙发上看电视，还颐指气使地指责小莉没打扫干净。娜娜看到此景后很是吃惊，就用开玩笑的口吻说："你真是不懂得怜香惜玉，这么粗重的活儿让小莉一个人做。"谁知，这个男人却说："我掏钱买了房子，还让我出力啊！"

离开小莉家后，娜娜开始为小莉打抱不平，小莉平时工作也很辛苦，在家里还得像老妈子一样伺候自己的丈夫。这时，娜娜突然想起了自己的老公，她突然感到自己以前觉得老公无用是那样可笑。

这种比较心理其实很正常，人总是喜欢和身边比自己强的人进行比较。这种比较有时候会起到积极的作用，人会通过比较来进行自我调整，并对自己的实力进行客观评价，从而做出某种改变。例如，一个学生会把自己的学习成绩和班上的人进行比较，如果想要成绩排名更靠前，他就会努力学习，争取下一次考试的时候更进一步。

这种和比自己强的人进行的比较属于向上比较，还有向下比较。向下比较就是和比自己差的人进行比较，这是一种寻求自我安慰的心理。当一个人感觉到威胁或压力的时候，就会采用向下比较的方式，从而得到一定程度的放松。这种向下比较的方式也有一定的作用，可以让人的压力得到短暂的释放。

不论是向上比较还是向下比较，都是在没有对自己形成一种客观评价的情况下发生的。一个人如果总是陷入与他人比较的心理，就会渐渐迷失自己，无法保持本色，会长期处于压力和焦虑之中。

一个人的内心如果无法独立，就会依赖于周围人的需求，会认为别人的需求就是自己想要的，会努力追求别人的需求，通过别人来决定自己想要什么。俗话说：“天外有天，人外有人。”如果总是以别人的标准来要求自己，那么就会永远得不到满足，就会经常使自己陷于压力和焦虑之中。因此我们必须明白一个再简单不过的道理，即每个人都是独一无二的。这样，我们才能真正获得自信和快乐。

快乐也可以弄假成真

莫妮卡有一份不错的工作，是一家公司的部门主管，她还有一个美满的家庭，但莫妮卡却总是愁眉苦脸，觉得自己的生活一点儿快乐也没有。有时候，只是一点儿小事就会让莫妮卡忧虑重重，例如孩子一次考试成绩不理想或者丈夫几句无心的话。不过，莫妮卡的主要压力还是来自工作。

一天，莫妮卡接到了一个通知，下午要去参加一个重要的会议。从接到通知的时候起，莫妮卡就开始担心，渐渐觉得很有压力。最终，莫妮卡只好向心理医生求助。她给心理医生打了一个电话："我现在的精神状况很糟，但下午却有一个重要的会议要参加。我到底该怎么做，才能让自己迅速地快乐起来？"

心理医生很快给出了建议："先把让你有压力的事情放下，然后去洗个脸，给自己化个妆，换身衣服，让自己自信起来。再想想曾经让你快乐的人或事，实在想不起来，就看看笑话。当你去参加会议的时候，要假装成很快乐、很自信的样子。这样，你的心情就会跟着好起来。"

莫妮卡按照心理医生的要求去做了，效果非常好。开完会后，莫妮卡就给心理医生打电话表示感谢："这次会议我表现得十分出色，争取到了我梦寐以求的项目。现在，我觉得自己充满了干劲，对明天也充满了期待。没想到，假装快乐和自信会有这么好的效果，我的心情居然在假装后真的变好了，真是太神奇了！"

在我们面对工作或生活的压力时，一个好的心情就会变得尤为重要。很多时候，坏的心情和压力会让我们的精神变得紧张和疲惫，即使没有进行体力劳动，也会觉得疲惫不堪。想要应对压力并恢复好心情，我们就必须利用自我暗示让自己快乐起来，比如假装自己很快乐。当你决定装出好心情时，你其实就已经在给自己施加快乐的暗示，最后就会弄假成真，真的得到快乐。

这是心理学中一个十分重要的原理，即当一个人扮演某个角色时，他就可以体验到相应的情绪。例如，当你因为没有完成工作任务备感沮丧时，就可以假装自己很自信，这样就能体验到自信满满的感受。

小敏是一家大公司的职员，当初她付出了很多努力才度过了这家公司的试用期。在之后的半年时间里，小敏总是觉得很压抑，她害怕上司，也害怕和同事交流。自从工作后，小敏就没笑过，整天都是萎靡不振的。为了寻找快乐，小敏决定去看心理医生。

心理医生在了解了小敏的诉求后，就给了她一张纸，让她把自己遇到的糟糕的事情一一罗列出来。小敏写了很长时间，她想到了很多让自己害怕、担心和讨厌的事情。写完后，心理医生就要求小敏把所写的内容读出来，但在读的时候，一定要假装成自己很快乐的样子，最好能发出“哈哈”的笑声。

虽然心理医生的要求让小敏摸不着头脑，但她还是按照要求去做了。读了一会儿后，小敏的心情明显得到了改善，假笑渐渐变成了真笑，有时候还会忍不住笑出声来。

快乐之所以能弄假成真，是因为人的行为与情绪是可以相互影响的。情绪和行为之间的联系一直是心理学的重点研究对象，针对两者之间的关系有很多不同的观点。有的心理学家认为，情绪可以引导行为，但行为却无法影响情绪。而美国著名的心理学家詹姆斯却不这样认为。他认为情绪会影响行为，行为反过来也会影响甚至改变情绪。也就是说，当我们想要改变情绪时，可以从行为入手。比如想要快乐的时候，就假装“哈哈”大笑，或者看一些魔性的笑声视频。那些笑声视频真的很有感染力，会让人不自觉地跟着笑起来，心情也会随之变好。

弗雷德在发现通过假笑改善心情的方式以前，每当自己情绪低落的时候，就会独自一人去散散心，直到这种沮丧情绪慢慢消失。有一次，恰逢心情不好的时候弗雷德接到了一个重要会议的通知。弗雷德没有时间等待坏心情消散，就只能带着一副假笑的表情去参会。但让弗雷德意外的是，他的心情居然在开会之前变好了。

弗雷德的意外发现其实早已被心理实验证实过了。美国加州大学心理学家艾克曼就通过实验证实了一条重要的心理学原理，即行为改变可以导致情绪的改变。

在艾克曼的设计下，参与者需要按照要求分别做出惊讶、厌恶、忧伤、愤怒、恐惧和快乐等表情，然后艾克曼会观察仪器上显示的参与者生理指标的变化。

当参与者表现出害怕的表情时，他们的心跳和皮肤温度都出现了变化，而这种变化恰恰与人产生恐惧情绪时相类似，即心跳加速、皮肤温度降低。这说明，当一个人做出害怕的表情时，他的身心会同时进入恐惧的体验中。此外，当参与者做出其他五种表情时，他们的生理也会出现不同的变化。这个实验结果说明，当一个人做出某种表情时，他的身心也会跟着出现变化。

这种假装快乐的应对压力的方式还可以运用到工作中。当一个人工作了一段时间后，很容易进入工作倦怠期，对工作丧失热情，觉得工作枯燥无味，上班的时候无精打采，下班后觉得筋疲力尽。这时我们就可以假装自己很喜欢工作。渐渐地我们就会发现工作还挺不错的，会产生有点儿喜欢工作的心理。这样，我们在工作的时候就会更有效率，应对工作压力时也更得心应手。

在应对压力时，我们的心情很容易变得焦虑，而糟糕的心情不仅会影响我们的工作和生活，有时甚至会影响我们的健康。因此我们必须改变自己的坏心情，通过假装快乐的方式，让自己快乐起来。

当一个人心情很糟糕的时候，其实就是自我封闭最严重的时候，会把自己关在房间里，然后一个人生闷气，会不停地想着让自己糟心的人或事。这其实是在不停地给自己痛苦的心理暗示，只会让心情变得更加糟糕。这个时候只有假装快乐才能让我们快速地从原本糟糕的心情中解脱出来。此外，我们还需要在心情糟糕时重视我们的仪容，例如，洗个脸或穿身整洁的衣服；挺直身体、抬起头，做出一副自信满满的样子。

推倒思维定式这面“墙”

明朝开国皇帝朱元璋死后，其孙子朱允炆继位。朱元璋晚年时期杀害了不少功臣，尤其是能征善战的武将，自以为留给了朱允炆一个“安全”的天下，不会有人造反了。但在他死后不久，他的第四个儿子燕王朱棣在朱允炆的削藩政策逼迫下，选择了造反，这便是历史上著名的“靖难之役”。

作为朱元璋的第四个儿子，朱棣在家族里已经是诸王之首，因为他的三个哥哥在朱元璋还活着的时候就已经去世了。作为新皇帝的叔叔以及最有实力的燕王，朱棣自然不想被削藩，变成一个手无实权的闲散王爷。

在下定决心造反之前，朱棣犹豫了很久，毕竟造反虽然有很高的收益，但同时还有很大的风险，一旦失败，保住性命成为阶下囚都算是最好的结果了。

在“靖难之役”中，朱棣遭遇了许多困难，造反远比他想象中要困难得多。在诸多困难中，历任山东布政使、兵部尚书的铁铉最让他感到绝望。在朱棣登基做皇帝后，铁铉的下场也最为悲惨。

朱棣被封燕王，镇守北平（今北京一带），他手中掌握了不少兵权。他想要造反成功，就必须以最快的速度率兵攻克南京。在这条漫漫长路上，最大的阻碍便是山东。只要能成功攻下山东，他的造反事业就成功了一大半。

在围攻济南之前，朱棣取得了不少胜利，他甚至有些沾沾自喜，直到遭遇铁铉这个硬骨头后，朱棣才知道原来造反是那么困难。朱棣想了许多办法去攻打济南，但都失败了。这个时候，朱棣的压力越来越大，他知道只要自己无法尽快攻克济南，就再也不可能成功了。但是，朱棣怎么也想不出能击败铁铉的办法。

就在朱棣十分着急的时候，一个名叫姚广孝的人出现了。他帮助朱棣打破了思维的惯性，找到了问题的根本所在。

姚广孝有“黑衣宰相”之称。他是个和尚，法名道衍。他在朱棣的造反事业中起了十分重要的作用。最初，是姚广孝帮朱棣下决心造反。后来又是姚广孝告诉朱棣，可以避开山东，从其他路线直取南京。只要拿下南京，就能登基为帝，到时候山东自然也是朱棣的，铁铉就会任凭朱棣处置。不过，这是个十分冒险的决策。

山东是个十分重要的地方，可以为朱棣攻克南京等地提供粮食等后援，是打持久战的重要之地。如果朱棣决定绕过山东，就意味着他没有后援，只能以快取胜。

不过，朱棣的胜算还是很大的。姚广孝告诉他，京师兵力单薄，只要能打个措手不及，就一定能尽快夺取南京。于是，朱棣率兵一路向南京狂奔而去。

当一个人面临巨大的压力时，往往很难突破思维定式。因为在造成压力的某个事件面前，人们只会满脑子想着这件事情。该事件所造成的压力就会转变成思维定式的一堵墙，很难打破。

思维定式也被称为“惯性思维”。思维定式的形成其实就是经验的积累。当一个人在做某件事情有了一定的经验后，就会产生惯性思维。思维定式有一定的积极作用，可以帮助人用以往的经验以最快的速度解决问题，不至于像个无头苍蝇一样到处乱撞，避免因为盲目而浪费时间。

但思维定式也有其消极的一面，当要处理的问题性质发生变化时，以往的经验就会成为解决问题的阻碍，而惯性思维也会束缚住人的头脑，会像一面墙一样挡住人的视线，让人始终找不到解决问题的出口。

美国心理学家迈克曾经做过一个实验，这个实验就与思维定式有关。迈克在天花板上系了两根绳子，两根绳子之间的距离超过了人的两臂长。而迈克交给参与者的任务就是，把两根绳子系在一起。

通常情况下，人们会根据经验用手臂把两根绳子拉在一起，然后系住。但由于迈克的刻意安排，如果参与者用一只手抓住一根绳子，那么他的另一只手是无论如何也不可能抓住另一根绳子的，因为手臂不够长。

但迈克给参与者准备了一个滑轮，参与者可以借助这个滑轮把绳子系在一起。参与者只需要将一根绳子系在滑轮上，然后用力让滑轮荡起来，同时迅速抓起另一根绳子，最后等滑轮荡到他面前抓住它就可以了，这样就能把两根绳子系在一起了。不过迈克并未把滑轮的作用告诉参与者。实验结果显示，几乎没有参与者能解决问题，因为他们都被思维定式给困住了。类似的事情在日常生活中很常见。

东洋人造丝公司是家日本面料生产公司。一次，该公司在生产中遭遇了一个难题，即合成每根纱的五根线粗细分布不均。这就意味着，在生产中会产生大量的残次品，最终会影响公司的效益。该公司的技术人员想了许多办法，但还是无法解决这个问题。

这个时候，一个生产班长想到一个办法，他认为既然无法解决五根纺线不均匀的问题，倒不如直接推出一个全新的产品，生产表面粗糙的面料，就当给以往的消费者一个惊喜。最终公司采纳了他的建议，把“残次品”推向了市场，没想到居然受到了消费者的欢迎。通常情况下，商家在处理残次品时会采用降价销售的方式，以期望能收回成本，但东洋人造丝公司只转换了一下思路，就让残次品变成了畅销品，还开发了一种新的面料推向市场。

在面对一个新问题时，如果想成功解决问题，就必须打破思维定式，推翻那堵经验的“墙”。很多人之所以没能取得成功，往往就是被思维定式这堵墙给困住了。而想要取得成功，就必须学会让自己从压力中解脱出来，从而从思维定式的束缚中挣脱出来。这需要我们不断地进行自我暗示，并通过这种方式把自己的潜能发掘出来。

南京有一个著名的国画家，有二十多年的绘画经验。后来他经历了一次意外事故，虽然生命并无危险，但右手却严重受伤，再也无法画画，这意味着他要与绘画告别了。

这位国画家在经历了一段十分痛苦的时光后，决定尝试用左手绘画。国画家练习了很长时间，终于做到用左手正常画画了。这个时候，国画家有了更多令他惊喜的发现。由于左右手易位，他渐渐认识到以前画画时所遵守的条条框框其实并无必要。这些条条框框在他以前用右手画画的时候，根本就发现不了，因为这已经融入了他的工作和日常生活之中，已经是他意识甚至是潜意识的一部分。而当国画家用左手画画后，才获得了新的绘画视角，让他的绘画水平进入了一个新境界。

想要突破思维定式，就必须学会从不同的视角去看待问题。在面对一个问题时，尽量想想看问题不同的角度，从而可以从不同的视角去看待同一个问题。一旦养成了这个习惯，想要打破思维定式就会变得非常容易。

此外，决心也是至关重要的。也可以说决心是在面对压力时的信心。当我们陷入思维定式中，苦苦寻找，找不到解决问题的方法时，我们就会丧失信心，觉得自己能力有限，这又会给自己增加一层束缚，不敢去想，也不敢去做，这是最糟糕的。因此，我们一定要随时注意自己的自信是否还在。一旦觉得自己无能为力了，就要用自我暗示的方式让自己尽快振作起来。

执行力也很重要。我们身边的人包括我们自己也是这样的人，就是敢想不敢做。在脑袋中想想该怎么做，很容易做到，也不需要努力，但如果付诸行动，就会有退缩的心理，害怕承担失败的后果。强化执行力，才能让我们真正翻越困难这座大山。

正确对待焦虑情绪

小宁是个 34 岁的女性，有一份令人羡慕的工作——在一所小学担任副校长。最近，小宁被擢升为校长。职位上的升迁让小宁十分高兴，但同时也备感压力颇大，因为校长有许多工作要去做，还要解决不少棘手的问题，例如校舍基建、人事安排、薪酬改革等。在这些方面，小宁的工作经验并不丰富。在成为校长后的一段时间里，小宁渐渐开始觉得力不从心，她开始思考是不是自己能力有限，根本不适合担任校长。最终，小宁决定辞职。

但小宁的辞职想法却遭到了许多人的反对 ，不论是家人还是朋友，甚至连老领导都劝她不要轻易辞职，希望她能坚持下去，等渐渐适应了，就不会再有压力。这样一来，小宁开始陷入了痛苦和矛盾之中，变得焦虑不安起来。有时候，小宁的焦虑情绪会变得非常严重，例如半夜突然惊醒，会觉得心慌；怕到学校上班，直到下午才感觉好一点儿。小宁的焦虑情绪每到寒暑假等假期时，就会得到缓解，但随着开学日期的临近，小宁的焦虑情绪会越来越严重。在开学典礼快要开始时，本应该出现在众人面前的小宁却躲在办公室里，她觉得心慌，满头大汗，最后匆匆离开了学校。

在工作和生活中，每当我们面临巨大的压力时，总会出现紧张、恐惧、焦虑、抑郁等情绪。这些消极情绪会使我们忍不住想要逃避现实，让我们渐渐丧失自我调适能力，也会影响到我们与周围人的关系，我们会变得自闭，只想躲在自己的世界里，认为只有那样才是最安全的。就像案例中的小宁一样，自从成为校长后，就觉得压力巨大，只想待在家里，一到学校就会觉得很不舒服。

严重的焦虑情绪有时甚至会影响一个人的生理状况，例如案例中小宁所出现的半夜惊醒、心慌等症状。但这些症状并不是病理性的，是由负面情绪导致的暂时性的生理反应。如果去医院进行检查，就会发现其身体还是非常健康的。

压力过大自然会让人觉得焦虑，但压力对我们来说同样是必不可少的，是一种激励手段。在一项心理学实验中，实验设计者为了观察小白鼠在不同情景下的学习能力，便把小白鼠分别放进了有不同设置的迷宫中。其中第一组的小白鼠需要接受轻微的电击，这种电击不会产生痛感；第二组小白鼠则需要接受中等强度的电击，会产生一定的痛感；第三组小白鼠所接受的电击非常强，会产生十分剧烈的疼痛。实验结果显示，第二组小白鼠以最快的速度学会了走迷宫，而第三组小白鼠的表现却很差，甚至表现出了对电击的恐惧和焦虑。第一组小白鼠的表现则和平常没什么不同。

这个实验结果说明，适当的压力对我们来说是有益的，会产生激励的效果，能提高学习以及工作的效率。但如果压力过大，我们就很容易出现紧张等情绪，如会担心自己无法胜任等，这些消极的情绪会分散我们的注意力，根本无助于提高我们学习或工作的效率。就好像实验中的第三组小白鼠一样，把自己的注意力都放在了躲避电击上，根本无法集中注意力去走迷宫。

焦虑对我们而言，如同压力一样，只要是适当的，就会产生有益的影响。每当我们感觉到威胁的时候，就会出现焦虑情绪，这是一种本能，就好像动物在感觉到有天敌接近时会出现焦虑情绪一样。这个时候，焦虑所起到的作用是保护性质的，会让我们提高警惕，远离危险。一旦威胁解除，焦虑也应该随之消失。这点对于许多动物来说是十分容易做到的，可是对人来说却没有那么轻松了。很多时候，即使威胁消失了，焦虑也会一直折磨着我们。

当我们所承担的压力超过自身的承受范围时，就会出现各种各样的消极反应。这时，人们往往容易采用两种极端的方式去处理这些消极反应。第一种极端的方式就是逃避，例如，当一个学生的学习压力过大时，他就会逃避去学校上课。第二种极端的方式就是强迫自己去面对，把所有的注意力都放在这些消极反应上，强迫自己努力克服这种消极反应，这样反而更容易让自己变得更焦虑。

老吴是名司机，他的主要工作就是为领导开车。虽然老吴的妻子没有工作，他自己的工资也不多，但好在还能维持基本的收支平衡。但是老吴却有严重的焦虑症，每天都过得很压抑。

在老吴上高一那年，他因个子瘦小被两名男生欺负。他们把老吴的裤子给扒了，还把老吴的帽子扔到了树上。事后很长一段时间，老吴只要一看见男生就会害怕，有时候晚上睡觉也不安稳。本来，老吴的学习成绩还是不错的，想着能考上大学为父母争光，但自从那次事件以后，老吴的学习成绩就开始下滑，这意味着老吴可能会考不上大学。老吴开始变得焦虑起来，他只能更加努力地学习，但学习成绩还是不停地下滑。到了临近高考时，老吴出现了头痛、失眠、胃部不适等现象。

最后，老吴没有考上大学。父母虽然很失望，但还是把老吴送到一所驾校，逼着他考取了驾照，并为他找了一份给领导开车的工作。老吴本以为自己会从此过上安定的生活，但他却从未快乐过，一直很焦虑。在工作时，老吴会小心翼翼地隐藏起自己的焦虑，避免被领导或同事看出端倪。回到家中，老吴就开始不断地向父母或妻子抱怨自己的痛苦。渐渐地，家人开始无法忍受老吴，觉得他是没事找事。老吴总觉得自己有病，到处找精神科医生看诊，治疗焦虑的药也吃了不少，但效果却并不明显。

不论是高一时的被欺辱，还是学习成绩的下滑以及面对高考时的焦虑，这些对老吴来说都是压力，都是需要承担的。但这些压力超过了老吴的承受极限后，他就有了许多焦虑症的症状。而焦虑症的症状除了影响人的心理状态，还会影响人的生理状态，例如出现心慌、胸闷等症状，这会让患者更加焦虑。这个时候，想要战胜焦虑，就必须得学会重估焦虑，把引起自己焦虑的源头找出来，这样才能进行相应的心理调整。

在现实生活中，很少有人像老吴一样让焦虑情绪发展成为焦虑症。其实每当我们觉得焦虑的时候，都应采取适当的方式来缓解，例如积极的自我暗示，而不能像老吴一样把焦虑积攒起来。只有进行积极的自我暗示，才不会被焦虑症所困扰。

除了心理暗示，缓解焦虑的方式有许多种，其中画画是一个不错的选择。在心理学上，绘画是一种有效的治疗方法。心理咨询师可以通过来访者绘画的内容来窥探来访者真实的内心感受，因为绘画的内容会投射出来访者的心理状态。来访者通过心理咨询师的分析，恍然意识到自己的问题所在。而且，在绘画的过程中，人的压力也会得以排解。

不过这种绘画治疗技术却存在一定的局限性。首先，我们不可能每当有焦虑情绪的时候就去找心理咨询师。其次，有不少人的绘画技能确实不怎么样，怎么画都好像和自己想象的不一样。因此，我们就更需要一种简单方便的绘画方式来达到解压的效果，而现今流行的手绘涂色书则成了大多数人的选择。许多人都表示，在给涂色书上完颜色后都能体会到一种成就感。

虽然手绘涂色书的图案都是设计好的，但我们却可选择涂上不同的颜色。要知道，色彩可以直接影响我们的情绪体验。例如，红色给人以热烈的、欢快的感受；白色使人觉得纯洁；黄色类似于太阳的光辉，让人觉得暖暖的；绿色给人以朝气蓬勃的清新感。最后我们需要注意，在给涂色书上色的时候，最好选择像红色、黄色这样的暖色调，避免选择深蓝、灰色这类会让人觉得压抑的色调，因为不同的色彩也会给人不同的心理暗示。

Part3

暗示与健康
——超乎想象的自愈力

我们的大脑是一个神奇的武器，我们可以任由其支配，也可以选择支配它，这就需要心理暗示的辅助。只有我们乐观向上，我们的大脑才会向身体发出积极的信号，我们才能健康长寿。相反，如果大脑只是向身体输出消极的信息，那么我们的健康也会变差。

灵丹妙药还是致命毒药

赖特是一名淋巴肉瘤的患者，在发现淋巴肿瘤时已经是晚期了，虽然他有十分强烈的求生欲，但他的医生却告诉他，他的生命还剩下不到一周的时间。

在听到医生的诊断后，赖特十分沮丧和愤怒，他觉得自己还这么年轻，他甚至开始抱怨上帝的不公平。就在赖特感觉十分糟糕的时候，他得到了一个令自己振奋的消息，医学界在治疗淋巴肿瘤上新发明了一种药——克力生物素。赖特似乎看到了生的希望，他觉得克力生物素一定能治好自己的病。

赖特立刻去找医生，希望医生能给他注射克力生物素。赖特的要求让医生很为难，克力生物素在治疗淋巴肉瘤上的确有不错的效果，但前提是患者必须还有至少三个月的寿命，像赖特这样已经上了死神黑名单的淋巴肉瘤晚期患者，即使使用了克力生物素，也不会有疗效。最后，医生在赖特的反复央求下为他注射了克力生物素。但医生认为，赖特这完全是垂死前的挣扎，医生甚至断定，赖特最多能撑到周末。

到了周一，这名医生上班后立刻到赖特的病房去，结果他撞见了赖特下床散步的一幕。这让医生十分吃惊，根据他的经验，像赖特这样的淋巴肉瘤晚期患者应该躺在病床上等待死神的降临。不过医生马上反应过来——赖特的病情开始好转了！医生立刻为赖特安排了检查。检查结果显示，赖特体内的肿瘤缩小了，大小只有原来的一半。医生认为，这极有可能与赖特所注射的克力生物素有关。其实，赖特也是这么认为的。在赖特看来，克力生物素就是他的救命药。赖特的病情一直在不断地好转，十天后，赖特出院了，因为他的身体已经恢复了健康。获得新生的赖特，把所有的功劳都归结在克力生物素上，不断地向医生称赞克力生物素的功效。

赖特成功战胜淋巴肿瘤的奇迹立刻引起了医学界对克力生物素的研究，但研究的结果却让人很失望——克力生物素只是一种很普通的对抗淋巴肿瘤的药物。也就是说，赖特之所以能战胜淋巴肿瘤，并不是因为克力生物素。

赖特的医生认为，这种奇迹其实与克力生物素没有多大关系，应该是赖特的心理因素的作用。为了验证这个猜测，医生找到赖特并告诉他，上次所使用的克力生物素由于运输途中出了一点差错，药效降低了不少。现在，医院进了一批新的克力生物素，比之前的浓度更高，也更为纯净。赖特一听立刻表示自己愿意注射新的克力生物素。事实上，医生给赖特注射的只是很普通的蒸馏水。不久，奇迹再一次在赖特身上出现了，他体内的淋巴肿瘤消失了，就连胸腔内的积液也没有了。在接受注射后的几个月内，赖特的身体一直很健康。

当赖特的医生把自己的发现报告给美国医学协会后，美国医学协会做了一个决定，即向全国宣布，克力生物素对治疗淋巴肿瘤毫无效果。而这个消息恰恰传到了赖特的耳朵中，赖特立刻对治疗失去了信心，他的体内长出了新的淋巴肿瘤。两天后，赖特就因淋巴肿瘤去世了。

赖特的经历在许多人看来，就好像戏剧一样不真实，但这却是真实的事情。赖特体内的肿瘤之所以会奇迹般地消失，完全是赖特的自我暗示在起作用。他一直不断地暗示自己，他已经注射了“神药”克力生物素。而痊愈后的赖特之所以会迅速长出肿瘤，并在两天后死去，也是暗示在起作用。在美国医学协会公布的消息中，赖特知道克力生物素只是一种很普通的药物，根本不会神奇地治愈淋巴肿瘤。这样一来，赖特就会产生许多消极的情绪，会刻意放大肿瘤对自己身体的影响，从而陷入巨大的痛苦和自己想象的恐怖中。对于赖特来说，暗示既是拯救他生命的灵丹妙药，也是置他于死地的毒药。

不过，赖特的案例并不常见，因为像赖特这样容易紧张且想象力又丰富的人并不是随处可见的。根据赖特的种种表现，我们还可以得出一个结论，赖特是个受暗示性很强的人。虽然并不是每个人都有很强的受暗示性，但每个人都会受到暗示的影响，这是不可否认的。

对于一个普通的身体健康的人来说，虽然我们经常会因日常生活中的琐事烦恼，但不会担心自己会患上十分严重的疾病。这是一种良好的心理状态，有利于免疫力的平衡。但如果一个人总是关注自己的身体健康状况，就会不断地担心自己会患上某种严重疾病。这会形成消极的暗示，会使一个人的免疫力降低。

很多怀疑自己患病的人都有这样的经历：上网或去图书馆查看和病症相应的文章或书籍，然后比照上面所罗列的症状，就越发确信自己真的得病了。还有一些人会经常浏览一些和健康养生有关的文章，例如，注意身体的某种信号，暗示身体会得癌症。看过这些文章后，许多人难免会对号入座，怀疑自己得病了。事实上，这些文章大多是唬人的，看过后会对人产生消极的暗示，而消极的暗示才是妨碍身体健康的最大隐患。

这种总怀疑自己患上了某种重病的心理发展得严重了，就会变成一种病态心理，即疑病症。疑病症的患者经常会有些在许多人看来十分荒唐的念头，但对疑病症患者来说得重病的恐惧却是实实在在的。疑病症的患者总会怀疑自己患上某种重病了，即使掉根头发也能和癌症联系起来。他们会隔三岔五去医院做彻底的检查，好像不去医院就会错过最佳的治疗期一样。即使医生告诉他“你的身体很健康，没毛病”，疑病症的患者也不会相信。

如果一个人经常怀疑自己患了重病，就会经常联想到死亡，会无意识地暗示自己命不久矣。在这种消极的暗示下，即使再健康的身体也会慢慢变得体弱多病起来。即使一个人的身体真的患病了，积极的心理状态对治疗疾病也是十分重要的。如果一个患病的人总是积极地暗示自己，想象一些自己恢复健康后的画面，身体的免疫力在一定程度上会得到提高，从而有利于疾病的治疗。

许多人都听过这样一个故事：有两个病人，他们的病床分别对着不同的窗口。其中一个病人的窗口对着一面墙，另一个病人从窗口望出去是一片绿色的草地，草地上经常有孩子在嬉戏。一段时间后，能看到绿色草地的病人恢复得很好，而那个总是对着墙的病人的病情却在持续恶化。这个故事充分说明了积极暗示对人的身体健康的重要影响。

身心的不可分割性

2009 年 4 月 23 日，吉林化纤厂的许多工人相继出现了头晕恶心等中毒症状。许多人甚至连专家都把这次的集体中毒事件归因于化纤厂附近的康乃尔化工厂，因为康乃尔化工厂是专门生产苯胺的。新闻媒体将此事曝光后，这次的集体中毒事件渐渐引起了社会各界的重视，包括卫生部也开始关注，并专门组建了专家组调查这次集体中毒事件的原因。5 月 14 日，专家组给出一个结论，即这次的化学中毒并不是由化学物质泄露引起的，而是一种“心因性反应”。也就是说，这些工人的中毒症状完全是心理的影响。

这次集体中毒事件的根源还要从 2005 年说起。那一年，吉林发生了一起严重的爆炸事件，而爆炸的源头就是生产苯胺的化工厂。几年后，当新的苯胺厂再次建立后，人们纷纷开始担心苯胺的污染会威胁自身的生命安全。对于化纤厂的工人来说，他们的工作本来就会对身体健康产生危害，每天都会或多或少地吸入一些化学毒物。也就是说，工人们本身就对化学毒物比较敏感，只是迫于生计一直在忍耐。当苯胺厂建立后，工人们对工作环境中的化学毒物的忍耐已经超过极限，再加上几年前发生的爆炸事件，工人们更加担心生产生活环境的安全，一直处于消极暗示作用下，终于出现了这次的集体中毒事件。

这种集体中毒的事件充分说明了人的心理作用会对身体机能产生显著的影响，也就是说人的身心是相互联系且相互影响的，是一个不可分割的整体。虽然像上述案例中的现象在现实生活中很少见，但消极暗示会影响一个人的身体健康却是很常见的。

很多人都有这样的体验，当回想起过去某件可怕的事情或者是浏览新闻看到灾难性事件时，就会感到恐惧或焦虑。这说明，我们的想象会影响我们的情绪。如果这种消极的情绪一直持续，一定会影响我们的身体健康，甚至会出现相应的病痛症状。

反过来，人的身体如果真的出现了问题，也会使人产生消极的情绪。在医院这种情况十分常见，许多人知道自己患上某种疾病后，都会变得焦虑和恐惧。

虽然人的心理和生理是相互影响的，但心理因素还是占据主导地位的，我们可以通过心理作用来控制自己的身体状况。当然，如果这种心理作用是消极的，就会出现与我们意愿相背离的效果。心理之所以能作用于生理，是因为我们会在暗示的作用下让自己的潜意识接受某种想法。

1998 年 11 月 12 日的早晨，美国田纳西州华伦郡的一所中学出现了 100 名师生中毒事件，他们纷纷表示自己有浑身乏力、头晕、恶心、呕吐等症状，有的人甚至觉得自己呼吸困难。经过抢救，大部分人都脱离了危险，但其中的 38 位患者因为病情严重，被医生留在医院进行观察。

为了调查中毒的原因，美国警方迅速地查封了学校，并对学校的空气、水和物体表面进行采样，让专家进行化验。化验的结果让人很意外，没有发现能引起人体中毒的可疑物质。

此外，警察还向一些中毒的当事人询问了情况。最先感觉到中毒的是一名女教师，她在上课时突然闻到了一股类似汽油的味道，随后就感觉到了头疼、头晕和恶心。很快，班里的一些学生也开始不舒服。这种症状渐渐在学校内蔓延开来，甚至还影响到一名来接孩子回家的家长。

几天后，出现中毒症状的 100 名病人都恢复了健康，通过检查也没有发现后遗症。学校和警方都觉得这是一次意外事件，好在没有人员伤亡，就不再调查原因，通知恢复正常上课。

但到了正常上课的那一天，类似的中毒事件再次出现，有 71 个人中毒并被紧急送入医院接受治疗。这时，学校和田纳西州政府才意识到问题的严重性，并把该事件报告给了联邦政府。

美国疾病控制中心很快派出调查组来到了田纳西州。调查组首先对中毒病人进行了身体检查，采集到了病人的血样和尿样，希望能从样本中发现常见的有毒物质，但却什么都没发现。

同时，美国环境保护署则开始从学校的环境入手，仔细检查了学校周边工厂的排污现象以及学校周围的空气质量，甚至连学校内的建筑材料、供水系统、排污系统都检查过了，但依旧什么都没发现。

此次中毒事件还引起了心理学家的重视。一个月后，学校出现了几名心理学家，他们还带来了一些调查问卷。通过调查，心理学家发现，中毒的学生中有 69% 都是女生，而且大多数都看过别人中毒时的样子。通过调查问卷心理学家还发现，大多数中毒的患者都能清楚地描绘自己所闻到的毒气的味道，所使用的形容词也是花样百出。

一年后，该中毒事件的原因终于有了一个定论，专家们认为这是一起典型的“群体癔症”事件。之所以会出现这种集体中毒的事件，并不是因为患者闻到了有毒气味。事实上有毒物质是根本不存在的，他们只是受到了一种强烈的中毒暗示。在这种暗示作用下，身体便会出现中毒后的症状。而且在这次事件中，中毒的患者大多数是女生，这是因为女性比男性更感性，更容易受到暗示的影响。

消极心理暗示会影响人的身体健康，这个结论已经得到了医学界的公认，一个人如果总是把注意力集中到某种疾病的症状上，那么他的身体就更容易出现生理病症。在疾病的治疗上，医生也都十分重视患者的心理状况。如果患者总是不停地对自己进行积极暗示，相信自己一定能战胜病魔，那么这种积极暗示就会使他的免疫力得以改善，抑制疾病的进一步恶化，甚至帮助他恢复健康。

有这样一个极端的案例。当事人是个多重人格障碍患者，会以不同的人格来展现自己。当事人其中的一种人格是患有糖尿病的，另一种人格是没有糖尿病的。每当当事人的人格切换到糖尿病患者后，他的生理指标就会发生变化，他的血糖会升高，会表现出糖尿病的症状；而当他的人格切换非糖尿病人时，他的血糖指数就会恢复正常。

当然，像上述案例中这样极端的现象在现实生活中是比较少见的，但类似的心理影响生理的现象却很常见，而且心理暗示在影响生理状态方面总是能奏效。

在一项实验研究中，实验组织者找来了 34 名身心健康的大学生，并告诉他们接下来他们需要接受电击，电流会通过他们的脑部，他们会出现头疼的感觉，但并不会对大脑产生负面影响。实际上，这只是实验组织者的谎言，他根本不会对参与者实施电击。结果是有超过三分之二的参与者都表示自己被电击得头疼。

由此可见，人的心理与生理是紧密联系在一起的。而积极乐观的人的身体状况也多是健康的，反过来如果一个人总是抑郁和焦虑，那么他就会变得体弱多病起来。

大脑是我们的总指挥

约翰自从臀部长了恶性肿瘤后，就开始入院接受治疗。但医院的治疗手段并未阻止恶性肿瘤的持续恶化，约翰的病情变得越来越严重，他的臀部已经开始下陷，几个月后只剩下了一些软组织。这个时候，等待约翰的只剩下死亡了，医生不再相信约翰能恢复健康。而约翰自己虽然不再相信医生的治疗，但还想活下去。这个时候，约翰得知了一个消息，他听说卢尔德有一个圣水池，是上帝赐予人类的，信徒只要经过圣水池的洗涤，就一定能得到上帝的保佑。

抱着最后的一线希望，约翰来到了圣水池，并在他人的搀扶下到圣水池里进行沐浴。第一次沐浴给约翰的感觉很神奇，他似乎感觉到了身体内有一股热流在游走，他相信自己得到了上帝的召唤。约翰在经过了数次的洗浴后，他体内的肿瘤渐渐变小，身体也开始逐渐恢复健康。两个月后，约翰甚至开始站立行走。

该如何解释发生在约翰身上的奇迹呢？是上帝的庇佑，还是卢尔德的圣水池内含有特殊的矿物质，帮助约翰战胜了病魔呢？都不是，制造奇迹的原因就在约翰的大脑中。是约翰在圣水池传说的影响下，形成了强烈的自我暗示，而他的大脑则开始下达治愈的命令。

在治疗疾病上，许多医院或医生都会忽略心理作用，因为心理作用往往带着某些欺骗的意味，就像上述案例中的约翰一样，那个圣水池只是普通的水池，但却被人说成是上帝赐予的圣水池。对于医生来说，在为病人治疗疾病的过程中，客观公正的态度是很重要的。而且一旦谎言被揭穿的话，这种让病人恢复健康的心理暗示就会立刻失去作用，病人的健康状况会急剧地恶化。虽然许多医生不赞成将心理暗示运用到治疗中，但他们却承认心理暗示有一定的治疗作用。

在一项实验中，实验组织者找来了一些抑郁症患者，这些患者平时都有服用抗抑郁药的习惯。实验者会把患者随机分成两组，其中一组会吃下抗抑郁药物，而另一组则会吃下一种外表看起来和抗抑郁药十分相似但实际上却是糖丸的“药片”。由于保密工作做得不错，患者和医生都不知道抗抑郁药被调包了。实验结果显示，糖丸居然起到了抗抑郁药物的作用。而大脑影像所显示的结果也让人很吃惊，服用糖丸和抗抑郁药物的患者大脑活动的活跃区域是相同的。这说明，在心理暗示的作用下，我们的大脑会受到心理作用的影响。

除了大脑，我们的生理变化也会受到心理暗示的影响。在一项实验中，医生在患者的皮肤疣上涂了一层颜色鲜亮的惰性染料，这种染料会渐渐消失。而医生告诉给患者的是，这是一种新发明的药物，当药物的颜色褪掉时，皮肤疣也就会消失。实验结果显示，不少病人的皮肤疣都消失了。这个结果说明，心理暗示有时候会起到和真实药物相同的治疗作用。

虽然心理暗示能创造许多奇迹，但很多人还是质疑心理暗示的疗效。一些怀疑者认为，心理暗示所产生的治疗作用只是一种传说，是夸大其词或偶然事件。

其实在心理暗示的治疗中，信任发挥着至关重要的作用。在医生和患者之间的关系中，信任也是同样重要的。如果患者根本不相信医生的医术或是现代医学的力量，哪怕只是有些质疑，都会影响治疗的效果。

这种现象在我们的生活中也十分常见，例如，当我们去看病时，总会找年龄大的医生，好像花白的头发就象征着丰富的治疗经验。还有许多人在看病时有专家情结，认为专家就是权威，有高明的治疗技术。其实，当患者相信了医生高超的医术后，他的病情就已经开始得到抑制。

在 20 世纪 80 年代，菲律宾曾经盛行一种无创伤的巫医手术。这种手术十分神奇，能帮患者取出体内的肿瘤，但又不会在患者身上留下伤口。对于当时医疗技术落后的菲律宾来说，这种巫医手术十分受欢迎，不仅无痛，还不用冒着大出血或感染的风险。

诺林博士在听说了这种神奇的治疗方式后，十分好奇，专门到菲律宾去观察几位非常有名的巫医，看看他们到底是如何做手术的。诺林找到了一个名叫焦伊·梅卡多的巫医，并告诉他自己有高血压，而且引起高血压的原因可能是肾病。诺林并没有欺骗梅卡多，他真的有高血压。

随后，梅卡多便开始为诺林做“手术”。这个治疗过程在当地人看来是十分神奇的，但在诺林看来却有点儿滑稽，因为诺林看穿了巫医的小把戏。起初，梅卡多会偷偷从手术台的下面拿出一些某种小动物的肠子或肉，并藏在手里。然后，梅卡多就开始给诺林做推拿，会把双手压在诺林的腹部肌肉上。最后，梅卡多就会将手中藏着的小动物的肠子或肉公之于众，并宣告他已经切除了诺林身体内有害的组织。梅卡多会随手把这块东西扔到圣餐台后面的一个一直烧着酒精的洋铁罐里。诺林从梅卡多的助手那里得知，这个有害组织就是长在他左肾上的肿瘤。但这个谎言根本无法欺骗诺林，诺林是个专业的外科医生，他见过各种各样的肾脏，而被梅卡多切下的所谓肾脏上的肿瘤，只是一块鸡肉罢了。

这个骗局还有十分关键的一步，就是巫医会代替患者处理掉所谓的有害组织。这样，就无人得知那些有害组织其实就是动物的肉。

虽然这种巫医手术只是一种骗局，但每年还是有数以千计的人从世界各地到菲律宾去接受这种无痛手术。这说明，虽然这只是一种骗局，但还是有患者能感受到治疗效果的，而这种治疗效果就是心理暗示在起作用。

人的大脑是一种十分神奇且复杂的组织，正因为有了大脑，人类才能成为食物链的终结者，才能脱离地球的引力到月球上去。而自由意志也恰恰是人类所自诩的优势，可是我们的大脑并非永远受到我们自己控制。有时候，我们的大脑会欺骗我们，我们会在心理暗示的作用下，产生失真的体验，也就是说，人的感官并不是完全可信的。

在治疗癌症时，化学疗法通常是医生和患者经常采取的一种治疗方式。化学疗法有一定的疗效，可以杀死不断繁殖的癌细胞。但化学疗法也有很多副作用，会杀死患者正常的细胞，导致患者出现掉发等现象，还会引起恶心和呕吐。在一项实验研究中，实验组织者就告诉患者他们接下来要接受化学疗法，实际上却根本没有实施。结果有三分之一的患者出现了脱发的症状，五分之一的患者有恶心和呕吐的体验。这充分说明，在心理暗示的作用下，我们的大脑会下达相应的指令，这个指令会影响我们的身体和感受。

在我们的大脑中，既有负责传递信息的神经，也有负责输出信息的神经，而且后者是前者数量的十倍。也就是说，我们的大脑在接收神经传递的信息后，会对其进行解读。这个解读的过程可以是客观的，也可以是主观的。一旦我们的大脑被说服了，客观的感受就会被大脑和身体所忽略。我们的大脑和身体经常通过激素来产生互动，而这个互动的过程其实就是大脑在控制身体和身体的感受影响大脑。

总之，我们的大脑是一个神奇的武器，我们可以任由其支配，也可以选择支配它，这就需要心理暗示的辅助。只有我们乐观向上，我们的大脑才会向身体发出积极的信号，我们才能健康长寿。相反，如果大脑只是向身体输出消极的信息，那么我们的健康也会变差。

消除不确定性的隐患

安娜是个普通的职员，同时还是两个孩子的母亲。每天下午，安娜下班后都会匆匆赶回家中做家务和照顾孩子。安娜在做家务的时候很喜欢开着电视，边做家务边看电视。安娜常看的电视节目是新闻频道，虽然安娜只是将电视当作背景音，但电视里所播放的新闻总是能轻易引起她的注意，尤其是一些负面新闻，例如绑架案或自然灾难等。有时候，新闻里还会播放一些和孩子相关的内容，例如某个小孩因为父母的忽视意外受伤或死亡等。每当看到这些新闻时，安娜就会忍不住联想到自己的孩子，总觉得心惊肉跳。

渐渐地，安娜开始意识到这些负面新闻对她所产生的消极影响，她的心情会因为这些负面新闻而变得糟糕，也会忍不住想吃点东西来缓解自己的焦虑。意识到这一点后，安娜就开始主动放弃看新闻，而是选择一些气氛欢快的电视节目作为背景音。一段时间后，安娜的心情明显变好了。

人的注意力总是会轻易地被带有恐惧、灾难色彩的事件所吸引。这其实是人的本能之一，在人类还在茹毛饮血的时候，只有当天敌来临时，人的注意力才会高度集中，并警惕起来。相反，如果在安全的环境下，人的注意力往往很难集中起来。这一点在收看新闻的行为上也适用，我们总会被带着恐惧色彩的新闻标题所吸引。

在对一部文学作品进行解读的时候，我们常常会说“一千个读者就有一千个哈姆雷特”。其实恐惧也一样，每个人所恐惧的对象都是不同的。例如，有的人恐惧毛茸茸的动物，这在有些人眼中是不可思议的，因为他们看到毛茸茸的动物都会觉得很可爱。不论每个人恐惧什么，但在面对死亡时，每个人都会恐惧，这是我们的共性。

如果一个人总是关注负面新闻，例如恐怖袭击或局部战争等，就会产生对死亡的恐惧，从而出现无力感。而这种无力感，恰恰来自人类对不确定性的恐惧。

虽然我们每个人的终点都是死亡，但对于大多数人来说，死亡是那么遥远，是用不着提前焦虑的。但如果有人怀疑自己的身体健康出现了问题，那么这种对死亡的焦虑就会提前，于是就会在这种消极的心理暗示下，产生疑虑、焦虑和恐惧的情绪。这种情绪其实并不单单是对身体健康的担忧，更多的是对不确定性的恐惧。

哈佛大学医学院的埃尔韦·拉朗曾经做过一项调查研究，调查结果就证明了不确定性带给人的焦虑更为严重。埃尔韦向 112 名接受乳房检查的病人分发了调查问卷，这份问卷就是专门测试病人的情绪状态的，以验证他们的焦虑和抑郁水平达到了何种程度。

这些参与者都是因为发现了乳房有结节或肿块前来接受检查

的。也就是说，患者乳房内的结节或肿块可能是乳腺增生，也可能是恶性肿瘤。

结果显示，患者在等待检查结果的时候，其焦虑和抑郁情绪是最严重的，甚至会超过已经确诊为恶性肿瘤的患者。这说明，当一个人处于一个不确定的环境中时，他的情绪会变得十分糟糕。

人的恐惧情绪也和不确定性有着密切的联系。人为什么会产生恐惧？通常是在面临危险时，不过前提条件是危险并未发生。如果危险已经发生了，那么恐惧的情绪就会转变成悲伤。

想象这样一幅画面：有一位年轻的女性，在晚上下班后，独自一人走在回家的路上，她突然发现后面好像跟着一个男人。这个时候，这位年轻的女性一定会十分恐惧，她会变得警惕起来，心跳也会陡然加速。之所以会出现这样的反应，是因为她不确定那名陌生的男子到底会做什么。男子可能会对她图谋不轨，也可能只是正好和她住在同一个小区。

人对疾病不确定性的恐惧类似于上述情况。如果一个人出现了不舒服的症状，然后又恰巧看到一篇文章中描写了具有该症状的疾病，难免会产生怀疑，会警惕自己的身体健康，但又不太确定，于是就会出现恐惧，会觉得很有压力。这个时候，最好的办法就是去医院进行检查。检查的结果会打消他心中对疾病的不确定性。不过前提是必须相信医生的诊断结果，不要自己胡乱猜测。

出乎意料的安慰剂

比彻是个美国麻醉师，在第二次世界大战中，比彻成了一名战地医生，到欧洲战场去参战。在攻占意大利南部海滩的战役中，美军中产生了大量伤兵，而后方的镇痛剂渐渐用完了。当伤兵因受不了疼痛向医护人员索要镇痛剂时，护士只能给他注射盐水，并撒谎告诉他，现在给他注射的是强力镇痛剂。接下来，令比彻震惊的一幕发生了，伤兵不再号叫，看起来疼痛止住了。这说明，生理盐水起到了强力镇痛剂的作用。

战争结束后，比彻回到了美国，并开始进行一系列相关的药物疗效实验，并将实验报告发表在了《美国医学会杂志》上，文章的标题就是“强力安慰剂”。比彻认为，当一个人决定吃药时，这种行为就已经具有一定的治疗作用，他把这种现象称为安慰剂效应，即病人虽然接受了无效的治疗，但却因为相信治疗有效，从而使症状得到减轻的现象。安慰剂效应也被称为假药效应。

此外，比彻还描述了数十个常规药物的药效和安慰剂效应类似。比彻认为，只有当药物药效的作用超过安慰剂效应时，才能真正发挥作用。

最早运用安慰剂效应的医生出现在18世纪后期，他的名字叫伊莱莎・珀金斯。他还专门申请了一项专利，不过这项专利看起来与安慰剂效应没什么关系，是一种医疗器械的专利——牵引棒。

牵引棒是一根普通的近8厘米长的金属棒，由钢铁和黄铜混合而成。但珀金斯却说，牵引棒是一根由特殊材料制成，并且有神奇作用的金属棒。当病人来找珀金斯治病时，珀金斯首先会向病人介绍神奇的牵引棒，然后再把牵引棒放到病人疼痛的部位来回地滚动，20分钟后，滚动就会结束。治疗结束后，病人的体验往往都很不错，大部分人都表示疼痛有所缓解。

珀金斯利用牵引棒赚了很多钱，也成功引起了许多医生的注意，很多医生纷纷开始怀疑牵引棒是否真的像人们所说的那样有着神奇的作用。一位英国的医生约翰・海加斯也很怀疑，便自己用不同的材料制作了一根新的牵引棒，并向病人施加相同的治疗，结果产生了像珀金斯牵引棒那样的疗效。因此，海加斯认为，病人之所以觉得疼痛缓解，并不是因为牵引棒，只是心理暗示在起作用。

2006年，哈佛医学院进行了一项和安慰剂效应有关的实验。实验组织者找到了270名有慢性上臂痛病症的患者，并将他们分成两组，分别接受不同的治疗方式。

第一组参与者口服一种新药物，实验组织者告诉他们，这种药是新研发的，药效很不错。所有参与者每天只需要服下一粒药就可以，要连续吃8个星期。实验组织者还告诉参与者，这种新药有一定的副作用，会出现嗜睡、口干、失眠、头晕等症状。

第二组参与者则接受针灸的治疗方式，每周扎两次针灸，一共6个星期。实验组织者告诉参与者，针灸虽然有不错的疗效，但会引起疼痛，即使拔针后也可能会出现持续的疼痛感，甚至还会出现局部红肿。

当实验进行了两个星期后，开始有三分之一的患者向实验组织者报告说自己出现了副作用。而且第一组患者的副作用都是失眠、无力或恶心，与实验组织者之前告诉给他们的相吻合。第二组患者的副作用都是疼痛，或者有红肿现象，同样与实验组织者之前所陈述的相似。更让实验组织者吃惊的是，所有患者都报告自己上臂疼痛的症状得到了缓解，只是有的患者治疗效果好，有的效果不那么明显。

这个结果似乎说明了不论是新药还是针灸，都对治疗上臂疼痛有效果。但患者们不知道的是，他们被实验组织者欺骗了。第一组参与者所服用的根本不是什么新研发的药物，只是普通的玉米粉。第二组参与者所接受的针灸也是个骗局，那些所谓的针，虽然和普通针灸所使用的针看起来一模一样，但却是经过特殊处理的，只要针一接触到皮肤，针尖就会自动缩回去。也就是说，患者的皮肤根本不会被针扎入，而所谓的按照穴位扎针也只是谎言。

上述实验现象之所以会出现，完全是因为安慰剂效应，是患者的心理暗示在起作用。这种安慰剂效应在我们的生活中也十分常见，例如色彩对人的心理会产生一定的影响。

色调主要分为两种，即暖色调和冷色调，不同的色调除了会给人的视觉造成影响外，还会给人带来不同的感觉体验。当一个人进入一个冷色调的房间后，会有凉爽或平静的感觉；如果走入的是一个暖色调的房间，就会产生温暖或放松的感觉。

在医学上，影响安慰剂效应的因素有很多。首先是医生的态度和交流方式。在 2008 年，哈佛医学院的一项实验研究就证明了医生的重要性。参加实验的都是患有同一种病的患者，他们被分成三组。其中第一组的患者作为对照组存在，不做任何干预。第二组和第三组的参与者都接受假针灸治疗。第二组医生对患者的态度不冷不热，而为第三组参与者进行“扎针”的医生会主动用温暖、鼓励的言语和患者交流，并表现出对治疗极有信心的样子。

6 个星期后，实验组织者开始统计患者的感受，看看有多少人的症状得到了缓解。结果显示，第一组参与者中有 28% 的患者表示症状有所缓解，第二组参与者中有 44% 的患者症状出现缓解，第三组症状缓解的参与者则达到了 62%。这个结果说明，想要安慰剂效应起作用，医生和患者之间的关系是十分重要的，尤其是患者对医生的信任，更能促进安慰剂效应的疗效。

其次，诊室的环境甚至药物的颜色都会影响患者的治疗效果。研究显示，当抗抑郁药物的颜色是黄色时，治疗效果更佳；兴奋剂是红色时，效果更好；抗焦虑药物是绿色时，往往能产生更好的效果；抗溃疡的药物最好是白色的。

再次，药物的价格也会影响安慰剂效应。人们在购物时，常常有这样的感受："好货不便宜，便宜没好货。"当一个人购买一件商品时，如果花了大价钱，就会格外珍惜它，会觉得它的质量好。药物也是如此，人们会觉得药越贵，药效就越好。

辛辛那提大学曾做过一个相关的实验，参与者是 11 名帕金森综合征患者。实验组织者将这些患者分成了两组。在实验开始后，所有患者每天都会得到一粒缓解症状的药物。其中第一组患者的药物和平常吃的没什么两样，实验组织者告诉他们这些是比较便宜和常见的药物。而第二组患者所得到的药物是安慰剂，但实验组织者却告诉他们，这些药片是刚研发出来的治疗帕金森综合征的特效药，药价比普通药物要高出整整 15 倍。实验结果显示，第二组参与者的症状恢复得更快、更好。这个实验结果充分说明了药价对安慰剂效应的影响，因为每位患者在服药前，都会抱着一定的期待心理，当药物越贵时，这种期待就会越大，而安慰剂效应所产生的影响也就越大。

安慰剂效应除了在疾病治疗上会起到作用外，同时还有利于降低副作用。例如，在癌症治疗中，常用的治疗手段是化疗，而传统的化疗会对患者产生很大的毒副作用。如果在病人接受化疗时，医生选择隐瞒，告诉病人只是在接受普通的药物治疗，那么副作用就会减轻许多。

安慰剂效应除了在服用和注射药物上会发生作用外，有时候在手术中也会产生奇妙的作用。在一项研究中，医生给有软骨撕裂的病人做手术。其中第一组患者接受真正的手术，而对第二组患者则只进行简单的麻醉，医生会模拟整个手术流程，但实际上根本不给患者做手术。结果显示，两组患者的病情都有所好转。

安慰剂之所以能产生某种治疗效果，还有很关键的一点，即接受安慰剂治疗的病人是不知情的，他们不知道自己所服用或注射的药物是没有药效的安慰剂。只有这样，安慰剂才能产生出乎意料的作用。

此外，基因也会影响安慰剂的效果。安慰剂之所以能起到治疗的效果，与我们大脑中所分泌的一些化学物质有密切的关系，而这种化学物质其实就是天然的镇痛剂，和阿片、大麻之类的药物所产生的作用类似。这种由人脑所分泌的化学物质被称为多巴胺，会使人产生快乐的感受。而多巴胺的分泌会受到基因的影响，安慰剂的效果因此也会受到基因的影响。也就是说，有的人的基因决定了他更容易受到安慰剂的影响。

安慰剂效应甚至会被运用到医疗诈骗中。例如，有的商家所售卖的保健品只是一些很简单的营养液，却被吹嘘成包治百病的灵丹妙药。这其实就是在变相地使用安慰剂效应。虽然安慰剂效应有着神奇且出乎意料的作用，但这并不意味着安慰剂就是万能的，有些时候安慰剂并不会产生人们所期待的效果。

Part4

暗示与潜能
——唤醒沉睡的巨人

每当我们面临自认为有威胁的情景时，总会产生心理上的退缩，不断通过想象来让自己变得更加恐惧。很多时候，我们都是被自己击败的。想象对一个人的影响十分巨大，越是害怕什么，脑子里就越会想什么，结果这种想象就会对我们产生心理暗示，最终影响到我们的心态乃至行为。

给我们的心“上保险”

奥利维拉是名优秀的杂技表演者，他最擅长的表演就是高空走钢丝。有一次，奥利维拉在一条人流量很大的街道高空出现。从下面看起来，奥利维拉就好像悬在半空中行走一样。这次的表演虽然看起来惊心动魄，但却让奥利维拉名声大振，只要提到高空走钢丝，人们就会想到奥利维拉。

像所有的普通人一样，当奥利维拉站到高空中时也会非常恐惧，在他刚刚学习走钢丝的时候，就因为突破不了这个心理障碍而几乎想要放弃。后来，奥利维拉找到了一个诀窍。他在练习走钢丝的时候，就在自己的腰间系上一根保险绳。不管这根保险绳的质量如何，是否真的能起到保护作用，奥利维拉自己却觉得很安全，他不再担心自己会从钢丝上掉下来受伤了。

随着走钢丝的技术越来越娴熟，奥利维拉已经不再需要保险绳，但每当他表演高空走钢丝的时候，都必须得在腰间系上一根绳子，即使这只是一根很普通的绳子，对奥利维拉来说也能产生神奇的力量，会帮助他完成高空走钢丝的表演。这是奥利维拉的秘密，许多内行人也都知道，但观众是不知道的，所以他们都十分佩服奥利维拉。

可是当观众后来得知奥利维拉的秘密后，就再也无法认真观看奥利维拉的表演了，总会忍不住寻找那根系在奥利维拉腰间的保险绳。人们对观看奥利维拉表演的兴致开始减弱，不再像最初那样惊叹。在不知道真相前，许多人之所以会惊叹奥利维拉的表演，一方面是他高超的平衡能力，但更多的是因为奥利维拉的勇气，他做到了许多人不敢做的事情。对于大多数人而言，从那样的高度往下看都会忍不住心颤，更别说从钢丝上走过了。

为了重新获得观众的喜爱，奥利维拉开始练习脱离保险绳的高空走钢丝。但不知为什么，奥利维拉就是做不到。当没有了保险绳后，奥利维拉在钢丝上可谓是寸步难行。这是奥利维拉的心理暗示在作祟，他会不停地暗示自己，他处于一种不安全的状态下，只要稍有不慎就会丧命。这种暗示会加剧他的恐惧感，虽然这在许多业内人士看来是荒唐的，毕竟奥利维拉的能力摆在那里，但奥利维拉就是突破不了内心的障碍。

每个人都具有或多或少的想象力，会对自己的未来进行想象，而这个想象的过程其实就是在进行自我暗示。一个人的想象力越丰富，自我暗示的作用就越明显。就像奥利维拉一样，总是想象着自己从钢丝上摔下来后的惨状，这就是在不停地进行自我暗示：没有保险绳，发生意外后的下场很惨。在多次的暗示下，奥利维拉的潜意识就接受了这种恐惧的想法，并任由其渐渐扎根。奥利维拉的经历与一项心理实验十分类似。

在实验开始后，实验组织者便带着 10 名参与者来到了一间黑屋子，在实验组织者的引导下，参与者跟着他穿过了黑屋子。然后，实验组织者就打开了房间内的一盏灯。借着昏暗的灯光，10 个人看清了房子里的一切。他们刚才通过的是一座小木桥，桥下面是一个大水池。让他们惊恐的是，大水池里养着许多鳄鱼，如果有人不小心从桥上面掉下去，一定会成为鳄鱼的美食。想到这里，大家纷纷表示自己刚才真是太幸运了。

这时，实验组织者问道："现在，有谁愿意和我一起从小木桥上走过？"这个问题让议论纷纷的 10 个人立刻安静下来。一会儿过后，终于有 3 个人站出来，表示愿意和实验组织者冒一下险。在通过小木桥的时候，只有实验组织者顺利通过，那 3 名参与者的表现都很畏缩。有一个人走到小木桥上后，立刻变得小心翼翼起来，通过小木桥的速度相比之前不知情的情况下慢了许多。另一个人在走到一半的时候，就趴在小木桥的中间，再也不敢走下去了。第三个人的表现更差，只走了几步，就再也不肯前进。

于是，实验组织者就打开了房间内的另一盏灯。这盏灯十分明亮，把房间照射得如同白昼一般。这时，所有人才看到了小木桥下面还有一张安全网。实验组织者再次问道："这一次，有谁愿意和我一起通过小木桥？"在剩下的 7 个人中，有 5 个人站了出来。这让实验组织者有些意外，他就问另外两个参与者："你们为什么不愿意呢？"这两个人担心地问道："这张安全网安全吗？"

不论是鳄鱼还是高空，都会给人带来恐惧的心理，会让人觉得自己的生命安全受到了威胁，想象着如果自己掉下去会怎么样。在这种消极的暗示下，人的恐惧会变得越来越严重，并拒绝进行尝试。这个时候，我们就需要利用心理暗示来打破这种因为恐惧而形成的障碍。

从前有一个国王，得到了一块价值连城的宝石，想要把这块宝石镶在一枚戒指上。在宝石戒指制成之前，国王又突发奇想，想往里面塞进一张纸条，以便在以后走投无路的时候，作为提醒自己的锦囊妙计。于是，国王就向大臣们征求意见，看看写什么话最为恰当。

国王的问题难住了学识渊博的大臣们，他们开始冥思苦想，但却什么结果也没有。这个时候，一位伺候了国王许多年的老仆站出来说："我知道有一句话可以作为锦囊妙计，这是先王曾经邀请的一位作家离开王宫前跟我说的。"在得到国王的允许后，老仆把这句话写在了纸上，折好交给了国王，并请国王到山穷水尽的时候再打开看。

后来，国王率领军队抵抗外族入侵。在一次战役中，国王的军队被击败了，国王被敌人穷追不舍。在这种生死攸关的时刻，国王突然想起手上的戒指，便拿出了那张纸条，只见上面写着："一切都会过去。”看到这句话后，国王不再慌乱，冷静下来，利用自己对森林地形熟悉的优势，开始和追兵周旋起来。果然，那些追兵在森林里渐渐迷失了方向。国王趁机逃出了森林，并开始重新集结队伍，经过一番艰苦的作战，终于把外敌赶走了。

每当我们面临自认为有威胁的情景时，总会产生心理上的退缩，不断通过想象来让自己变得更加恐惧。很多时候，我们都是被自己击败的。想象对一个人的影响十分巨大，越是害怕什么，脑子里就越会想什么，结果这种想象就会对我们产生心理暗示，最终影响到我们的心态乃至行为。

想要突破因为恐惧产生的心理障碍，就必须学会通过自我暗示来改变自己，心理暗示可以使我们的潜能更好地发挥出来。首先我们要给自己设立一个目标，这个目标与战胜恐惧有关，然后开始在脑海中想象自己战胜恐惧、实现目标后的美好画面。这样不仅有利于降低恐惧，还能让我们相信自己是有能力赢得成功的。为了让我们的内心重新坚强起来，我们需要给心“上保险”，而这个“保险”就是心理暗示。

搭建一架通往成功的梯子

盛田昭夫是日本著名企业索尼的创始人，作为一名成功的商人，他的许多经验都值得人们学习。在盛田昭夫看来，电子企业想要长久发展，就必须得有过硬的技术和高瞻远瞩的眼光。除此之外，盛田昭夫还十分强调目标的重要性，只有在公司内设立一个目标，才能调动起员工工作的积极性，并能够让所有人的力量都集中起来，朝着一个目标奋斗。

现如今，录音机这样的电子产品已经被消费者和市场所抛弃。但在当时录音机可是个新产品，新到索尼的研发人员都对录音机的结构毫无概念。研发并生产这个新产品，对索尼来说可是个不小的挑战，甚至听起来有点儿荒谬。但在盛田昭夫的坚持下，所有的研发人员便把录音机当成了自己奋斗的目标和动力。最终，在员工们的共同努力下，终于成功研发出录音机并投入生产。

对于一个企业来说，目标是如此地重要。对于一个人来说也是如此，我们的潜能只有在目标的激励下才能挖掘出来。当一个人有了明确的目标后，就有了明确的方向，就会有动力和热情，在遇到困难的时候，往往也能尽快振作起来，克服困难并朝着目标继续前进。

在现实生活中，不论是工作还是学习，设置目标是不可避免的，目标是我们获得成功的方向标。但目标的设置必须切合实际，不然就很容易半途而废。不切实际的目标会使人在努力奋斗的过程中看不到希望所在，很容易产生倦怠感，最后只能放弃。为了避免上述情况的出现，我们就需要学会分解目标，将它变成一个个经过努力就可以实现的小目标。

美国加利福尼亚大学曾经做过一项和目标有关的实验。实验组织者将 6 只猴子随机划分成三组，分别关在不同的房间里。这三个房间内都事先搁置了一些物品，其中第一间房子里的地上放着香蕉，第二间房子里的香蕉被悬挂在半空中，第三间房子里的香蕉被实验组织者悬挂在了房顶上。很明显，这三个不同房间的香蕉是根据从简单到困难的获取方式，被分别放在不同高度的位置上的。

一段时间过后，实验组织者去观察不同房间里猴子的情况。实验组织者看到了令自己吃惊的一幕，第一间房子里的猴子一死一伤，还活着的那只猴子的伤势十分严重，耳朵处流着鲜血，一条腿已经断了；第二间房子里的猴子都活着，看起来很不错；第三间房子里的两只猴子都死了。

为什么会出现这样的情况？第一间房子的猴子，由于香蕉很容易得到，于是就开始为了眼前的香蕉大打出手，最后闹得一死一伤；第二间房子的猴子，由于香蕉悬在半空中，它们得跳起来才能得到香蕉，就开始不停地努力摘香蕉；第三间房子里的香蕉悬挂在房顶，不论猴子怎么努力都摘不到，最后只能饿死了。

这个实验虽然是在猴子身上进行的，但却同样适用于人类。当目标很容易实现，根本不用付出努力时，我们就会把自己的时间和精力都浪费在其他事情上，就像实验中两只互相打架的猴子一样。如果目标过高，那么就会出现无论如何努力都实现不了的情况。在实验中，第三间房子的猴子就因为悬挂的香蕉过高活活饿死了。而在我们的工作或学习中，如果我们所制订的目标过高，也会“胎死腹中”。只有当目标制订得非常合理的时候，我们才能通过努力实现目标，并享受到实现目标的快乐。

将大目标分解成一个个小目标去实现，还有一个非常重要的作用，即我们可以在每实现一个小目标时都获得一种成就感，这种感受会促使我们朝着大目标继续努力，而且还会令我们变得越来越自信，认为自己有能力获得成功。这一点与登门槛效应十分类似。

登门槛效应也被称为得寸进尺效应。具体是指，一个人一旦接受了他人一个微不足道的要求后，为了避免给人造成前后不一的印象，可能会接受对方所提出的更进一步的要求。这种心理就好像登门槛时要一个台阶一个台阶地攀登，才能顺利登上最高处，跨过门槛。

1966年，美国社会心理学家弗里德曼与弗雷瑟所设计并实施的一项实验就证明了登门槛效应，这项实验的最初目的是为了验证

“无压力屈从”。

在实验中，实验组织者会分别派出两个人去随机地分别拜访一组家庭主妇。其中一个人在拜访家庭主妇时，会提出一个小要求，即将一块小招牌挂在她们家的窗户上。很少有家庭主妇会拒绝这个小要求，通常她们都会愉快地答应。一段时间后，这个人再次去拜访这些家庭主妇，提出了一个较为过分的要求，即将一个不仅大而且不太美观的招牌放在庭院里。结果，居然有超过半数的家庭主妇答应了。

另一个人在拜访家庭主妇的时候，会直接提出一个要求，即将不仅大而且不太好看的招牌放在庭院里。结果，只有不足 20% 的家庭主妇同意这个要求。

在另一项类似的实验里，实验组织者会派人到两个居民区内劝人将一块写着“小心驾驶”的大标语牌竖立在房门前。其中一个人会直接向居民区内的人们提出这个要求，结果只有 17% 的居民同意。另一个人则采取了不同的方式，先向各位居民提出一个小要求，即在一份赞成安全行驶的请愿书上签字，这个小小要求，几乎不会有人拒绝。然而几周后，他再向居民们提出在房前竖立起“小心驾驶”的大标语牌，结果有 55% 的居民同意了这个要求。

之所以会出现这样的结果，是因为当一个人面对某个小请求时，往往会找不到拒绝的理由，毕竟只是举手之劳，就会轻易答应。之后，再向他提出一个更进一步的要求时，他通常不会拒绝，因为拒绝就容易出现认知上的不协调，为了保持认知平衡，缓解内部压力，他会转变态度并接受请求。

加拿大心理学家在号召多伦多居民为癌症学会捐款的时候发现，如果直接向人们提出捐款的要求，只有 46% 的人愿意捐款。但如果采取另一种方式，捐款的人数就会翻一倍。在第一天，活动负责人会给人们颁发一个纪念章，并要求人们佩戴。然后第二天再提出捐款的要求，这个时候许多人都会慷慨解囊。

登门槛效应在现实生活中十分常见，例如，在学习中，老师在面对学习成绩不及格的学生时，通常会鼓励他们下次争取过及格线。这其实就是在运用登门槛效应。如果老师一下子向学习成绩差的学生提出了考满分的要求，那么学生的内心一定会抗拒，很难做到努力学习。

登门槛效应其实就是在说明循序渐进的重要性。当我们在设置目标时，也要使用登门槛效应的原理。如果所设置的目标过大，实现的难度就会很高，这相当于给自己提出了一个大的要求，我们的内心往往会拒绝，觉得不可能实现。如果将大目标分解成若干小目标，那么我们就会像登门槛效应实验中的人们一样，乐于接受，然后一步步去实现。这个过程就好像是在给自己的成功搭建梯子一样，会使我们一步一个台阶地接近成功。

改变潜意识，提升自我

在鲁德亚德·吉卜林的小说《丛林奇谈》中有一个有关狼孩莫格里的故事。莫格里是个印度樵夫的儿子，在他的婴儿时期，他和父母在森林里遭遇了老虎的追逐，慌忙逃命间，莫格里被丢在了森林中。后来，莫格里误入狼穴，并被母狼收养，成了狼群中的一分子。莫格里成功地在狼群中活了下来，并渐渐长大。长大后，莫格里意外回到了人类生活中，他被村子里一位失去儿子的村妇收养。在和莫格里初次见面的时候，村妇就惊叹于莫格里的脚，因为她发现莫格里从来不穿鞋子，但脚上却并没有伤口。后来，她才知道莫格里的脚因为从小锻炼，已经像兽皮一样坚硬了，即使不穿鞋也不会受伤。

其实我们的内心也和莫格里的脚一样，最初都是柔软而且容易受到伤害的，但随着我们不断地历练，会渐渐变得坚强。

有人曾经拿南瓜做过实验。将一个正在生长的小南瓜用铁丝捆绑住，然后再观察小南瓜承受各种重力的生长状况。最初，实验者会在小南瓜上悬挂约 220 千克的重物，随着时间的推移，渐渐往上增加重量。一段时间后，小南瓜已经能承受将近 680 千克的重量。这让许多人都感到惊讶，同时还很好奇，希望能看到小南瓜承重的极限。

于是，悬挂在小南瓜上的重物一直在不停地增加重量，小南瓜也在不停地长大。最后到小南瓜快要成熟的时候，它已经承受了约 2268 千克的重量。当实验者将南瓜打开后，他们才惊奇地发现，南瓜的内部不再是柔软的可食用的果肉，而是变成了十分坚硬的纤维。最令人惊奇的是南瓜的根部，实验者发现它的根向不同的方向延伸，已经遍布了整个花园的土壤，它在全力吸收土壤里的养分。

这个结果充分说明了生命的顽强，不仅南瓜有这么大的潜力，人也是如此。一个人的潜能是无限的，到底有多大，没有人知道。据说，我们大多数人的潜能只被开发了 10% 左右。爱因斯坦这样的科学家已经很伟大了，但他的大脑潜能也只开发了 12% 左右。但为什么我们拥有如此惊人的潜能却无法发挥出来呢？难道我们的潜能就只能白白浪费掉吗？

说起潜能，就不得不提到潜意识。有心理学家曾证明，一个人潜意识的思考速度要远远快于意识，是意识的 3 万倍。一个人的潜能之所以不能发挥出来，与潜意识有着十分密切的联系。我们被自己潜意识里的某种观念或信念给束缚住了，也就是说我们的潜意识在怀疑自己的能力。

有一位十分著名的钢琴演奏家，他有着很高的音乐造诣，常常去参加国际音乐盛会。在“文化大革命”期间，这位钢琴家被囚禁了起来。他所居住的牢房十分狭窄，不能轻易动弹。这样艰苦的环境，许多人都坚持不下来，但钢琴家还是顽强地活了下来，坚持到了平反出狱的那一天。

出狱后，他再次成了举世瞩目的钢琴演奏家，很快接到了世界音乐盛会的邀请函。在音乐会上，他再次上台演奏钢琴。这次，他同样赢得了热烈的掌声，许多人都觉得不可思议，他的钢琴演奏技巧比之前还要高超。

当有人问钢琴家：“被关押了这么多年，根本没有练习过弹琴，为什么弹琴技巧不仅没有退步，反而还进步了许多呢？”他说：“在被关押的时候，虽然没有钢琴可以练习，但我可以在脑海中想象自己正在练习弹琴，虽然我的手没有在弹琴，但我的思想每时每刻都在弹琴。”

运用潜意识的关键在于相信，只有对自己有信心，才能将自己的潜能发挥出来。我们的潜意识没有辨别真假的能力，只会接受。如果我们总是不断地怀疑自己的能力，觉得自己这也不行，那也不行，那么我们的潜意识就会在这样强烈的自我暗示下，开始相信自己就是一个失败的人，然后失败就会变成现实。相反，如果我们输送给潜意识的都是正面积极的意念，就好像钢铁大王卡内基那样，每天将自己想要成为百万富翁的目标念上千遍，他想要成功成为富翁的念头就会在他的潜意识里生根发芽，通过不懈努力，最后他终于成了百万富翁。

那些已经取得成功的人，往往都具有很多共同点，例如独立、有自己的想法。最重要的一点是，他们会自我暗示，让潜意识为自己服务，从而发掘出自己的潜能。一个人如果总是怀疑自己的能力，那么就无法做到正确认识自己，看不到自己的优点，也不想改变自身的缺点，总是生活在回避的状态中。

斯蒂文是个健康的年轻人，在越南战争期间，远赴越南打仗，在战场上被流弹打中了背部。虽然史蒂文被送回美国接受治疗，但却再也站不起来了。从此后，斯蒂文就开始依靠轮椅代步，在轮椅上坐了 20 年。这样的生活让斯蒂文感到非常苦恼，为此他总是借酒浇愁。

一天，斯蒂文从酒馆出来，照常坐轮椅回家。结果途中遇到了 3 个劫匪，劫匪只是想抢点儿钱就走，但斯蒂文拼命反抗激怒了他们，于是他们在临走前点燃了斯蒂文的轮椅。斯蒂文发觉轮椅着火后，立刻跳了起来，拼命地逃走了。当斯蒂文平静下来后才突然发现，他已经跑了一条街。从那以后，斯蒂文就恢复了行走的能力，并找到了一份新工作。

当一个人面临绝境时，为了求生，往往能激发出巨大的潜力，不论是斯蒂文还是实验中的南瓜，都是在外界环境的逼迫下将潜能发挥出来的。但是这种激发潜能的方式太过被动，全部依靠外部环境的刺激，需要在巨大的压力下才能置之死地而后生，从而成功地突破自我。这种绝境下所逼出来的潜能虽然非常巨大，但却不可取，因为很多人极有可能会被绝境压垮。压力可以起到激励的作用，但要有一个限度，因为人的承受力是有限的。

因此，利用自我暗示来激发潜能是最好的选择。我们需要不断地在脑海中想象，利用自我训练的方式让我们的潜意识相信自己有能力去做成某件事情。

除了日常生活中的自我暗示外，睡觉的时间最好也不要放过。在睡觉时，我们的意识虽然休息了，但潜意识却依旧在不停地活动。我们可以在睡觉前不断地暗示自己，然后潜意识就会接收到信号，在睡眠时继续工作。例如，我们通常需要用闹钟叫醒自己，这不仅痛苦，而且难以立刻起床。如果在睡觉前不断重复告诉自己什么时间一定要醒来，你就会发现自己真的会在那个时候自动醒来。这就是潜意识的力量在帮助我们实现目标。

此外，睡觉前的自我暗示还需要注意一点，即学会放松自己的心情和身体。只有这样，对潜意识的影响才会达到最好的效果，而且也不会影响睡眠。说不定，自我暗示的内容还会进入你的梦境之中。总之，想要发掘出自己的潜能，就必须得有效发挥潜意识的作用。

潜能也需要机会

杰瑞·莱斯是个优秀的足球运动员。莱斯的先天条件不错，他的体能常常让人惊叹，可以说是个天生的运动员。虽然体能是莱斯在足球上取得成功的一个重要原因，但更重要的是他坚持不懈的努力。莱斯在体能训练上丝毫不敢懈怠，总是能按照教练的严格标准去执行。

当莱斯还只是高中校队的一名足球运动员时，就开始重视起体能训练。每次训练之前，教练查尔斯·戴维斯都会给所有的运动员规定一项体能训练任务，即以蛙跳的方式，弹跳登上一座36余米高的山丘，来回进行20次才算完成任务。如果天气宜人，完成这项训练任务还不算太难，但如果遇到炎热而潮湿的天气，很少有人能完成，就连莱斯这个体能不错的人，在完成11趟往返之后都会感觉吃不消。当莱斯想要放弃，打算偷偷溜到休息室休息时，他突然意识到自己是在偷懒，于是就对自己说："我不可以就这样放弃，一旦有了第一次，就会有第二次，这会养成半途而废的习惯。"之后，莱斯就回到了训练场，继续开始弹跳，直到完成20

次后才离开。从此后，每当莱斯有半途而废的念头时，他就会像这次一样进行自我暗示。

在成为职业足球运动员后，莱斯更加重视体能训练，他开始进行强度更大的训练，每天都会在一处全长约为 4 千米的野外山径进行体能训练。有时候，也会有其他足球运动员来这里和莱斯一起参加体能训练，但没有一个人能赶得上莱斯，许多人都十分敬佩莱斯的体能。

在一场足球比赛结束后，许多足球运动员都会去度假，享受假期带来的放松感。但莱斯却一刻也不会放松，依旧每天都参加体能训练。有的人甚至开玩笑说："莱斯的体能几乎无人能及，即使是功夫明星的体型和莱斯比起来都只像是个相扑选手。"莱斯的天赋再加上他坚持不懈的努力，终于让他在足球领域中登上了一座座高峰。在这期间，莱斯从未间断过训练，也从未在比赛中缺席过。

1997 年 8 月 31 日这天，莱斯遭遇了他成为足球运动员以来最为严重的一次伤害，他在球场上摔破了膝盖骨，这意味着莱斯很可能再也不能参加足球比赛了。

之前有许多足球运动员都和莱斯有着相同的遭遇，但却只有一名足球运动员恢复了健康，并重新回到球场参加比赛，还创下了职业球赛的历史纪录，这个人便是罗德 • 伍德生，不过他用了四个半月的时间完成了康复，而莱斯只用了三个半月。之后，莱斯便再次出现在球场上，并创造了不错的成绩，为球队赢得了胜利。莱斯之所以能创造出奇迹，与他坚毅的决心是分不开的，每当他想要放弃的时候，都会鼓励自己继续坚持下去。

每个人都拥有巨大的潜能，但想要让自己的潜能得以发挥，坚持和努力是必不可少的。在我们努力的过程中，总会遇到许多挑战，这个时候要继续坚持努力下去就会变得困难起来。这时，我们通常会给自己找一个借口，这是每个人都会产生的倾向。因为当我们决定放弃努力时，会觉得愧疚，会觉得这样做是错的，我们需要找借口说服自己，以达到谅解自己的效果。这其实也是一种自我暗示，暗示自己即使不努力也没什么。但我们要做的是用另一种暗示，让自己认清楚那只是自己不努力的借口，就像莱斯一样告诉自己："有了第一次的半途而废，就会有下一次，我不要养成半途而废的习惯！"

此外，学会给自己打气也十分重要，而且最好选择在每天早晨为自己打气，让自己精神抖擞地度过每一天。在许多人看来，每天早上给自己打气是一件看起来很孩子气的事情，实际上这种做法背后却有着十分深刻的心理意义。

人的大脑每天都会接收许多信息，我们可以将这些信息分为有意识和无意识两部分。有意识的信息通常与我们的注意力有关，我们每天都会接收不同程度的有形或无形的刺激，有的能轻易引起我们的注意，有的则不能，也就是说我们的注意力会对这些信息产生不同程度的反应，而那些引起我们注意的信息则被我们的大脑有意识地接收了。

无意识在接收外界信息或刺激时，通常不需要注意力的介入，会不知不觉地接收周围的信息，从而形成所谓的潜意识。

当一个人快要睡着和快要清醒的时候，他的潜意识是最活跃的状态，这个时候进行自我暗示往往有着不错的效果。而我们每天早上给自己打气，进行心理暗示，等自己完全清醒后，就会按照所暗示的内容去行动。

约翰是名产品推销员，他并不喜欢这份工作，每天上班前他都会有很大的心理压力，因为他得带着产品去按陌生人的门铃，然后向人推荐他所带来的产品。有时候，约翰会遇到比较客气的人，即使不购买产品，也不会爆粗口。但约翰也会遇到一些脾气不好的人，他会充当对方暂时的出气筒。约翰不得不做这份工作，因为他要生活下去。

为了做好工作，约翰给自己制订了一个目标，他要成为一名出色的推销员。从此，每天早上起床后，约翰都会对着镜子里的自己说："约翰，如果你想过得更好，就必须得做好这件事情，还必须得高高兴兴地去做。"渐渐地，约翰开始喜欢这份工作，工作效率也提高了不少，让他挣到了很高的报酬。

自我暗示可以帮助我们开发自己的潜能，而早晨起床后的自我暗示效果是最好的。刚开始的时候，自我暗示的效果并不明显，但只要坚持几个星期，自然就会产生效果。

此外，我们还得有将自我暗示当成自己生活方式的决心。如果自我暗示只是偶尔为之，基本上是产生不了效果的。养成自我暗示习惯的最好方式就是将自我暗示重视起来，将其当作一个目标去实施。不要轻易间断，因为一旦有了第一次放弃，之后的放弃就变得容易起来。这就好像每天早上锻炼身体一样，一旦哪一天找借口不锻炼了，那么之后就很难继续坚持下去。

很多时候，我们的潜能远比自己想象的要强大许多，只是有待于开发而已，在潜能没有完全激发出来之前，我们永远都不会知道自己的潜能到底有多大。有时候，我们会因为各种各样的顾虑而丧失许多开发自己潜能的机会。这看起来好像是在保护自己，其实是在剥夺自己体验的机会。我们的能力只有在一次次的体验中才能积累起来。因此，每当因为困难想要放弃的时候，就应该鼓励自己继续努力下去，多给自己一次尝试的机会，也多给自己一次发掘潜能、提高能力的机会。

“破罐子”也能逆袭

1791 年，法拉第出生在伦敦市郊一个贫困的家庭里，他的父亲是个铁匠，收入本来就少，再加上常年生病、子女众多，让本来贫困的家庭时刻面临着吃不上饭的状况。在这样的家庭中长大，能填饱肚子已经是奢望了，更别提去上学了。

12 岁时，法拉第通过上街卖报赚钱。一边卖报，一边从报纸上学认字。13 岁时，法拉第成了一家印刷厂的图书装订学徒工。法拉第利用这份工作的机会，一边装订书，一边学习。经过几年的努力，法拉第所认识的字已经完全可以支持他阅读书籍了。这就意味着，法拉第可以利用业余时间看更多的书，他开始阅读《大英百科全书》。

随着阅读范围的扩展，法拉第发现自己特别喜欢电学和力学方面的书。法拉第的收入有限，买不起书和笔记本，就只能利用印刷厂的废纸将其装订成笔记本，并在上面摘录各种资料，有时还自己配上插图。

一个偶然的机会，法拉第的笔记本被英国皇家学会会员丹斯发现了，他当时正好来印刷厂校对他的著作。当丹斯得知这个笔记本属于装订学徒法拉第的时候，十分吃惊，他送给法拉第一张皇家学院的听讲券，这样，法拉第就有机会到皇家学院旁听了。

在皇家学院，法拉第十分喜欢听英国著名化学家戴维的课，每次都会认真听讲并记笔记。一段时间后，法拉第便把自己的笔记整理好，并起名为《化学课本》，寄给了戴维，还附上了一封信，表达自己愿意学习化学的心愿。

看到这些后，戴维十分感动，同时也十分欣赏法拉第的才干，就将法拉第招为助手。从此，法拉第就更加努力，以最快的速度掌握了实验技术，成了戴维的得力助手。

半年后，戴维有一个新的计划，他想带着法拉第到欧洲大陆各个国家做一次科学研究旅行，拜访各国著名的科学家并参观化学实验室。这段经历对法拉第来说十分难得，他不仅增长了许多见识，还学会了法语。

结束这次旅行后，法拉第便开始独立进行科学研究。1831 年，法拉第发现了电磁感应现象。1833 年，法拉第发现了电解定律。这一发现在科学界引起了不小的轰动，而这一定律也因此用法拉第的名字命名。

成为一流的电学家是十分难得的，尤其是像法拉第这样一个出身贫困的装订图书学徒工，完全依靠自学成为世界一流的科学家就更加难得了。

一个人会因为各种各样的原因而身处逆境，在这种情景下，人们往往很容易出现挫败的心理，很难重新振作起来。这是因为许多人都害怕失败，害怕身处逆境，在面临失败时，就会产生破罐子破摔的心理，从而长时间地沉浸在失败的阴影中。

有这样一则小故事：有一个父亲因为杀人而入狱，从此他两个儿子的生活开始变得悲惨起来，不仅生活非常贫困，还经常会遭到周围人的白眼，也没有人愿意和杀人犯的儿子做朋友。长大后，哥哥步父亲的后尘，成了杀人犯，而弟弟却成了一个成功的企业家。当记者分别采访兄弟二人时，哥哥说："有这样一个父亲，我能怎么办？只能自甘堕落。"而弟弟却说："有这样一个父亲，我能怎么办？只能依靠自己才能取得成功。"

同样的遭遇，就因为面对人生的态度不同，从而产生了两种完全不一样的结果。这和身处逆境中的法拉第一样，当他决定以积极的状态面对逆境时，他就充满了动力，并最后取得成功。

"失败并不可怕，跌倒了再重新站起来。"这是我们常常会听到的道理，但却很少有人能做到。这是为什么呢？我们为什么会在成为"破罐子"后，就要破摔？

这是因为我们已经对失败产生了恐惧的心理，从而越是害怕失败，就越容易失败。这便是心理学上著名的瓦伦达效应。这个效应来自一个真实而悲惨的故事，故事的主人公就叫瓦伦达。

在美国有一个著名的高空走钢索的表演者，他的名字叫瓦伦达。瓦伦达曾表演过多次高空走钢索，从未失败过，因为他有着很强的平衡能力和走钢索技巧。正因如此，瓦伦达才接到了一项重要任务，即在许多美国知名人物面前表演高空走钢索。只要这次瓦伦达能完成高空走钢索，不仅能让自己名声大振，还能给自己以及所在的演艺团带来巨大的利益。这次的表演如此重要，瓦伦达十分重视，便一直不停地琢磨和练习，并不停地告诉自己绝对不能失败。

在表演正式开始时，瓦伦达选择不使用保险绳。瓦伦达觉得，这样做会让表演更加精彩。瓦伦达对自己的高空走钢索技能也十分有信心，毕竟他从未失败过，而且这次的表演难度也不大，只需要走到钢索中间后做两个较为简单的动作就可以了。但这次，瓦伦达失败了，还赔上了自己的性命。当瓦伦达走到钢索中间时，他突然从钢索上摔了下来，当场死亡。

事后，瓦伦达的妻子说："我就知道这次的表演一定凶多吉少。在比赛前，瓦伦达不停地告诉自己这次表演很重要，绝对不能失败。这是他以前表演前从未出现过的状态。"虽然瓦伦达总是不停地告诉自己不能失败，但事实上却显露了他对失败的恐惧。也就是说，瓦伦达的脑子里总在想象着和失败有关的画面，从而产生了失败的心理暗示。

美国斯坦福大学的心理学教授曾专门研究过瓦伦达效应，一个人越是害怕失败，就越会在大脑中想象自己失败后的情景，这种想象是图像式的，虽然仅存于脑海中，但却非常生动形象，并且会对人的神经系统产生刺激，从而影响人的心理和行为。

总之，当我们开始有害怕失败的心理时，一定不要关注“破罐子”本身，要是消除关于成功与失败的忧虑，专心去做应该做的事情，这样成功便会不期而至。其实有时候在逆境中，人的潜力才能得到最大的发挥，尤其是遇到危险的时候。

桑尼尔是个法国飞行员，一天他正在野外军用飞机场上用自来水枪清洗战斗机，突然间他感觉好像有人用手拍了一下他的后背，他本能地向后看了看，这一看他差点被吓死。拍他的根本不是人，而是一只体型硕大的狗熊，它正举着两只前爪站在桑尼尔的背后。

看到狗熊后，桑尼尔立刻用手中的水枪去攻击狗熊，可能是他用力过猛，水枪居然掉了下去。在这千钧一发的时刻，狗熊已然发起进攻，桑尼尔只能闭上眼睛，用力地向机翼跳去，并开始大声呼救。

当警戒哨里的哨兵听到桑尼尔的呼救声后，立刻端着冲锋枪跑了出来，并朝着狗熊扫射，最终狗熊被击毙了。事后，许多人都感觉很困惑，因为一个人如果在没有助跑的情况下，是不可能跳上机翼这样距离地面很高的地方的，但桑尼尔却做到了。之后，桑尼尔也做了许多次实验，但都未能成功地跳上机翼。

为什么桑尼尔能一下子跳上那么高的机翼呢？这是因为当一个

人面对紧急情况时，他的体内会分泌出一种奇异的激素，这种激素会帮助他激发潜能，从而获得超乎寻常的能力。这就是说，一个人面临的情况越是危急，他的潜能就越能得到发挥。

Part5

暗示与教育
——让期望变成现实

每个孩子都有属于自己的天赋，父母的任务就是发现孩子身上的天赋，并且用积极暗示的方式加以引导。在这样的环境下长大的孩子，在成年后往往会很自信，在工作的时候也会表现得非常出色。

期待能创造奇迹

在古希腊的美丽传说中，有一个叫皮格马利翁的雕塑家，他花费了大量的心血，用象牙雕塑了一位美丽可爱的少女。这位少女虽然没有生命力，但在皮格马利翁的心中却是最完美的。他每天都会盯着这座少女雕像看，并渐渐爱上了这个少女，还为她取了一个名字，叫盖拉蒂。皮格马利翁为了表达自己的爱意，给雕塑穿上了美丽的衣服，还拥抱她、亲吻她，但雕塑的回应却是冷冰冰的，一动不动。皮格马利翁为了能让雕塑变成真人少女，便带着丰盛的祭品来到神庙，向神灵祈求，希望能赐给他一位像盖拉蒂一样美丽的妻子。皮格马利翁的虔诚感动了神，神答应了他的请求。

当皮格马利翁回到家中，直接走向雕塑，并像往常一样看着雕像。这时，皮格马利翁发现雕像发生了变化，盖拉蒂的脸蛋渐渐呈现出人的血色，眼睛也开始有了光芒。最终，盖拉蒂变成了一个活生生的人，并朝着皮格马利翁走来，用充满爱意的眼神看着皮格马利翁。从此，盖拉蒂真的成了皮格马利翁的妻子。

这只是个美丽的神话故事，并不是真实的，却告诉我们一个道理，即期望和赞美能创造奇迹。虽然皮格马利翁的故事是虚构的，但真的有心理学家做过类似的实验。这位心理学家就是哈佛大学的心理学教授罗森塔尔。

罗森塔尔首先在小白鼠身上做实验，然后才将实验扩展到了学生身上。罗森塔尔把一群用于实验的小白鼠随机分成了两组：A 组和 B 组。这两组小白鼠会分别交给不同的饲养员去喂养，不过罗森塔尔的交代却不同。罗森塔尔会对 A 组的小白鼠饲养员说："这组小白鼠是参与过基因改造的，十分聪明，你一定要好好训练它们。"对 B 组的小白鼠饲养员，罗森塔尔是这样交代的："这组小白鼠和我们平常用于实验的差不多，智力很一般。"

几个月后，罗森塔尔开始测试 A、B 两组小白鼠走迷宫的能力。结果发现，A 组的小白鼠总能迅速走出迷宫并找到食物，但 B 组的小白鼠的表现明显不如 A 组。这个结果似乎说明，A 组的小白鼠真的比 B 组的小白鼠聪明，但实际上两组小白鼠的智力都是一样的。那么，该如何解释这种实验现象呢？罗森塔尔认为原因出在饲养员的身上。原来，A 组的饲养员在照料并训练小白鼠的时候十分用心，在训练的过程中甚至会用语言鼓励小白鼠。而 B 组的饲养员对小白鼠的态度则冷淡得多。也就是说，饲养员在无意识地影响着小白鼠。

后来，罗森塔尔便决定将这项实验扩展到人的身上，他选择了加州的一所学校进行实验。在新学期刚刚开始的时候，罗森塔尔将三位老师叫来，对他们说："根据过去这三四年来的教学表现来看，你们是这所学校最优秀的老师。所以我决定从学校里挑选出一些最聪明的学生来，并将他们分为三个班让你们来教。虽然这些孩子的智商都很高，但在教学的过程中不要区别对待，尤其不能让其他学生和家长察觉出来。"

一年之后，罗森塔尔来学校验收实验成果。他发现，这三个班的学生成绩是全校最优秀的，平均分也比其他班级高出许多。这时，罗森塔尔才向那三位老师摊牌："其实这些学生都是我随机挑选出来的，他们的智商水平和其他学生都差不多。"这让三位老师都很吃惊，不过更令人吃惊的还在后面。罗森塔尔继续说道："其实你们也不是本校最优秀的教师，和学生一样都是随机挑选出来的。"这个结果充分说明了期待的作用，期待真的能创造奇迹。

在罗森塔尔的实验中，他这个来自哈佛大学的教授在三位老师的心中必然是权威性的人物，所以当罗森塔尔说他们是最优秀的老师时，他们丝毫不怀疑，这是罗森塔尔对三位老师的期待。而当罗森塔尔告诉他们所选择出来的学生智商都很高时，他们同样对学生产生了期待。这份期待虽然在平常的教学中不会刻意表现出来，但却会无意识地流露出来，并对学生产生积极的暗示，于是学生会按照老师所期待的方向去塑造自己的形象，并做出相应的调整，最后就变成了老师所期待的智商高、学习成绩优异的学生。

总而言之，罗森塔尔所发现的实验现象都是心理暗示在起作用。一个人会在他人或自己的暗示下，无意识地按照一定的方式去行动，甚至会接受相应的意见或信念，从而影响自身。

罗森塔尔效应在学校教育中表现得十分明显。凡是受到老师关注或喜爱的学生，一般学习都比较主动，学习成绩也会取得很大的进步。相反，被老师漠视甚至歧视的学生，通常学习成绩都比较差。

戴尔·卡耐基幼年丧母，他从小就叛逆而调皮，是镇上有名的“坏孩子”。在卡耐基9岁时，他的父亲再次结婚，从此一个中年女人走进卡耐基的生活。在继母刚刚搬入家中时，父亲就提醒她要小心卡耐基这个小坏蛋。其实，卡耐基对继母的印象也不怎么好，他总觉得继母的出现，就意味着他从此要告别自由自在的生活了。

不过，继母接下来的举动却让卡耐基十分意外。继母微笑着走到卡耐基面前，摸着他的头笑着对丈夫说：“我觉得你说得不对，他不是个小坏蛋，应该是镇上最聪明、最快乐的孩子。”这番话让卡耐基十分感动，因为之前从未有人夸奖过他。从此之后，这番话一直激励着卡耐基不断前进。

在教育中，不管是家长还是老师，都应该重视培养孩子的自尊心和自信心。通常情况下，树立自信最好的方式就是赞美。因为每个人都渴望得到赞美，尤其是孩子，他们希望能得到家长或老师的期待和肯定。这对孩子来说是一种积极的心理暗示，会让他们心情愉快，并在学习的时候变得更加积极主动。

虽然期待能创造奇迹，但却要遵守一定的规则，毕竟期待不是万能药，更不是白日做梦。在教育中，对孩子的期待应注意以下几点。首先，期待必须合情合理。所期待的内容必须根据实际情况而定，只有这样才能产生积极的作用。其次，期待得具有一定的挑战性，需要通过努力才能达到期待的目标，只有这样才能产生激励的效果，从而让孩子可以在努力之后突破原来的水平。最后，期待要坚持不懈。不论是家长还是老师，不要因为孩子所遭遇的一点失败就对其丧失信心，因为这会让孩子原本就灰心丧气的情绪变得更加糟糕。

好孩子需要好环境

乔治出生于厄瓜多尔，他的父亲在银行工作，母亲是个图书管理员。这个非常不错的家庭因为战乱而不得不移民美国。到了美国，乔治一家人的生活水平直线下降，一家人只能居住在环境脏乱差的贫民区。到了该上学的年龄后，乔治也只能进入附近管理水平很差的学校学习。

移民到美国的乔治英语并不流利，连与人交流都成问题，为此校方只能将他安排在双语班接受教育。乔治的老师还算负责，很想努力教好学生，但无奈班里的纪律实在太差，老师根本管不过来。

在这个班级里，老师在上课的时候，学生们总是很难安静下来，会到处乱跑和尖叫，有时候老师不得不大声斥责他们，才能获得短暂的安静。下课后，班里的打架现象也十分常见。乔治在进入这个班级后不久，就已经和其他同学打过好几次架了。为此，乔治总是被老师叫去进行教育。不过乔治也不想做出什么改变，只是在混日子罢了。而且乔治的老师们也都不看好这群学生的前途，觉得他们当中没有一个能考上大学，能混到高中毕业就已经不错了。有时候，老师会对着班级里的所有学生大喊道：“你们将来一定是一事无成的街头小混混！”

到了乔治 9 岁时，他的父亲找了一份不错的工作，于是就带着全家搬出了贫民区，到安静的中产社区居住，并将乔治送进了一所不错的学校。这所学校的氛围改变了乔治的生命轨迹。

新学校不仅纪律严明，而且老师们对学生的态度也与之前的学校不同。在这里，乔治第一次被鼓励。老师告诉他，只要他够努力，就可以通过学习改变命运，“你将来一定会进入大学学习”。

原来，乔治只要被人嘲笑，就会用拳头解决问题，这是他在之前的学校学会的。刚转学来到新学校时，乔治就因为被同学嘲笑而打架，最终被老师请到了办公室，还被罚站和写检查。老师还告诉乔治：“当你做好一件事情时，好的事情会随之发生；但当你做坏一件事情时，坏的事情就会出现。”从此之后，乔治改掉了打架的毛病，并且开始努力学习，学习成绩渐渐变好了，乔治对自己的未来充满了期待，他觉得自己一定能考入大学。

在教育上，环境的好坏对一个孩子来说尤为重要。环境之所以如此重要，是因为环境可以对一个人产生十分强烈的暗示，从而影响一个人的心理和行为，而且这种影响还是全方位的。对于一个孩子来说，这种环境的暗示其实还带着一定的诱导性，会对孩子的成长产生至关重要的作用。

对于一个身心正在不断成长的儿童来说，环境的因素是举足轻重的，不仅会影响他的心理健康，有时也会影响他生理上的健康，尤其是大脑发育。在19世纪初，德国巴登大公国王子卡斯·豪瑟出生后就被叛乱者关押起来，他从小生活在黑暗狭窄的地牢里，只能得到水和面包，而且从来没见过人。到了17岁，卡斯终于自由了，但他的身高却只有144厘米，而且目光呆滞，不会说话，智力也很低下。22岁时，卡斯遇刺身亡，他的大脑被送去解剖。结果医生发现，卡斯的大脑特别小。卡斯的经历充分说明了环境对人的大脑发育的重要性。

在教育上，如果孩子生活在一个温暖和谐的环境中，那么他就会形成活泼的性格，在做事情的时候会理性思考，并且能处理好人际关系。因此，父母应该为孩子提供一个良好的教育环境，其中包括家庭环境和学校环境。

家庭环境是每个人从一出生就开始接触的，而父母则是孩子的第一任老师，对孩子的身心健康有着不可推卸的责任。因此，父母应该为儿童提供一个充满关爱的环境，只有这样才能满足儿童对爱的渴望，从而获得安全感。

在照料儿童的时候，有些父母因为没有经验或者说本身不成熟，总是难以控制自己的情绪，甚至会在情绪不好的时候拿孩子当出气筒。这样，儿童就会产生精神压力，会觉得父母不爱自己，从而缺乏安全感，并出现心理上的不安和焦虑。因此，环境暗示就显得格外重要，父母必须学会关爱孩子，只有在这样的环境中成长，孩子才能拥有健全的身心。

环境暗示主要分为两种，一种是物化环境暗示，即为孩子提供一个整洁、优美的居住环境；另一种环境暗示更为重要，这便是心理环境暗示，也就是为孩子提供一个轻松愉快的心理环境。在这样的环境下长大的孩子，往往拥有较强的幸福感。

许多父母都很喜欢以爱的名义强制孩子做一些事情，例如学习。有许多孩子就是因为父母的强制，从而产生了对学习的恐惧和厌倦。很少有父母能意识到这个问题，通常都会觉得自己这样做是为了孩子好，是为了孩子的将来着想。

与其用强制的方式，倒不如采取顺其自然的方式，从孩子的天赋出发，为孩子选择适合他的学习方式，而且最好采用较为温和的方式。父母只有运用恰当的方式，才能使孩子觉得自己得到了尊重，从而在学习的时候变得更加积极起来。父母在与孩子相处的时候，也最好能做到尊重和信任，尤其不要随意打骂。因为孩子只有在平等的、民主的家庭环境中长大，才能获得更好的发展。

另外，父母对孩子而言能起到表率的作用，言传身教，会产生心理暗示。现代社会中，以核心家庭（由父母和孩子两代组成）为多，因此父母之间的关系对孩子的成长来说就十分重要了。如果父母关系和谐，那么孩子就会觉得有安全感，就会生活得很快乐。如果父母总是当着孩子的面争吵，那么孩子就会整天活在恐惧之中，其性格就会发生扭曲。常常生活在父母争吵中的儿童，通常还会伴随有口吃、遗尿症等疾病。

除了家庭环境外，学校环境也十分重要。

首先是学校的硬件条件，不必过于奢华，只要让学生和老师能在安静、和谐的环境中心情舒畅地学习、教学即可。

老师在学校环境中扮演着十分重要的角色，对学生的学习和成长有很大的影响。在许多人看来，老师最重要的任务就是教学，让学生提高学习成绩。不过，老师的一言一行也会对学生的价值观、人生观产生影响。

此外，同学之间的关系也十分重要。现如今，学校环境中出现了一种用名牌的风气和攀比心理，而且有愈演愈烈的趋势。例如，有的学校会出现因为穿名牌而形成一些小团体和孤立同学的情况。这会对家庭比较困难的学生造成十分恶劣的影响，会使其产生自卑心理。这种攀比现象的出现简直就是成人世界的缩影，因此想要杜绝这种现象，父母和老师的态度十分重要。

父母潜移默化的影响

一位母亲在第一次参加儿子的家长会时，幼儿园的老师对她说：“你的儿子是所有小朋友中最爱乱动的一个，在板凳上边连三分钟都坐不住，我们老师都怀疑你的儿子有多动症，你最好带他去医院看一看。”

家长会结束后，在回家的路上，儿子好奇地向母亲问道：“妈妈，老师都和你说了些什么？”母亲鼻子一酸，她想到了老师的话，想到她的儿子是全班表现最差，也是老师最不屑一顾的一个学生。尽管如此，母亲还是强忍着自己的情绪，对儿子说：“老师表扬你了，说你原来在板凳上一分钟都坐不住，现在能坚持三分钟了，其他孩子的妈妈都很羡慕我，因为只有你被老师表扬最近进步了。”儿子听后十分高兴，晚上回到家后，表现得比平常要乖许多，吃饭的时候既没有要妈妈喂，也没有挑食。

转眼间，儿子到了上小学的年龄。在一次家长会上，老师对这位母亲说：“这次的数学考试，你儿子只考了倒数第二名，我们老师都觉得他的智商有问题，你最好带着他去医院检查一下。”老师的这番话让这位母亲十分伤心，在回家的路上忍不住哭了起来，不过到了家门口，她就立刻收起了眼泪，因为她要面对儿子。

回到家后，母亲对儿子说："这次家长会，老师提到了你，他对你充满了信心，因为他觉得你很聪明，就是有些粗心，只要你能在以后的学习和考试中细心一些，学习成绩就一定能超过你的同桌，这一次你同桌的排名是第 21 名。"说完，母亲就注意到儿子的神色由之前的黯淡一下子变得自信起来，不再那么沮丧了。第二天，儿子早早地就起床了，然后就开始自觉地看书。

等儿子到了初中时，学习成绩虽然算不上优秀，但比小学要强多了。在一次家长会上，这位母亲本以为儿子还会被老师点名批评，但意外的是老师根本没提到她的儿子，这让她觉得很意外，在家长会快结束的时候，她主动找到老师问儿子的情况。结果，老师却对她说："虽然你儿子的学习成绩还可以，但以他现在的成绩，想要考上重点高中还是有点困难的。"

和老师谈过话后，这位母亲带着惊喜的心情走出了校门，并发现儿子正在等他。走在回家的路上，她笑着对儿子说："你们老师对你非常满意，他对我说，只要你继续努力，就一定能被重点高中录取。"

在儿子上高中的时候，这位母亲对儿子说："我相信，以你的学习成绩一定能考上重点大学。"等到高考结束后的某一天，这位母亲接到了学校的电话，让她的儿子到学校去一趟。这时，这位母亲突然有了一种预感，她觉得自己的儿子被重点大学录取了。果然，儿子给她带回了重点大学的录取通知书。当儿子把录取通知书交到母亲手中的时候，突然忍不住哭了起来："妈，我一直都知道自己不是一个聪明的孩子，要不是您的鼓励，我就不会有今天这样的收获。"母亲听后，也忍不住抽泣起来，她的儿子终于在她的关心和殷切期望下长大了。

每个人都渴望能得到他人的赏识，尤其是小孩子，他们尤其渴望得到父母的赞赏。因为对于每个小孩来说，父母是他最亲近的人，是将他带到这个世界上的人，也是为他提供保护的人，如果连最亲近的人的赏识都得不到，他就会感到失望，会对自己乃至整个世界都失去信心，甚至会觉得自己是多余的。

在教育中，尤其是在早期教育中，暗示是一种十分重要的教育方式，孩子可以从父母的暗示中感受到爱和关心。在现实生活中，像上述案例中的情况是十分常见的，许多小孩子都是在父母或老师的积极暗示下，由捣蛋鬼变成佼佼者，由丑小鸭变成美丽的白天鹅的。但也有许多反面教材，也有很多孩子，会因为父母或老师的一句贬低、斥责的话或一顿不分青红皂白的责骂，而变得越来越不服从管教。

在美国著名小说家马克·吐温所著的《汤姆·索亚历险记》中，汤姆就是一个有名的调皮鬼，他和同父异母的弟弟一起居住在姨妈波莉家。在波莉的眼中，汤姆是个坏哥哥，而他的弟弟却是个乖宝宝。一次，汤姆的弟弟不小心打翻了糖罐子，波莉发现后就直接严厉地斥责了汤姆一顿，她觉得这样的事情只有汤姆才会做。这让汤姆觉得委屈极了，于是就变得更加不服从管教。

我们常常听到这样一句俗语："江山易改，本性难移。"这句话似乎是在告诉我们，一个人的性格是遗传而来的，很难在后天得到改变。的确，我们的性格会受到遗传基因的影响，但更多的却是后天形成的。

人类的婴儿从一生下来就需要成人的悉心照顾，长达十几年的时间需要依赖父母生活，才能完全独立。不像其他动物的幼体，从一出生就有许多技能，例如，小马在出生后不久就学会了站立。这就意味着，人的大脑和身体需要在母亲子宫外发育和生长。这也就是说，人有极强的可塑性。我们可以通过后天的教育去改变和培养一个人的性格、气质等。

在早期教育中，尤其是当我们还只是一个小婴儿的时候，母婴关系对我们来说是十分重要的，我们可以轻易地从母亲的种种言行中感觉到关爱。如果一个人在婴儿时期缺乏母亲的关爱，那么他就会备感压力，总会感觉到焦虑。在长大成人后，也更容易变得抑郁。

说起暗示，就不得不提潜意识。在我们的婴幼儿时期，我们的父母就开始影响我们的潜意识，他们的一言一行都会进入我们的潜意识之中。例如，父母如果总是向我们输入"你很棒"之类的积极暗示，那么你的潜意识就会接受这种观点，然后这种观点会渐渐成为你自我认知的一部分，就像上述案例中那位母亲对儿子所进行的积极暗示一样。这种暗示从我们很小的时候就开始了，其所产生的影响却并不仅仅停留于婴幼儿时期，还会延伸到成年后。

据研究，一个人的潜意识会在 6 岁以前就确定下来。而一个人在 6 岁以前通常都是由父母照顾的，所以父母的暗示和影响就尤为重要。但很少有人能意识到父母对自己所产生的潜移默化的影响，也很少有人会在成年后去注意自己的潜意识，并对潜意识进行改造。

如果一个孩子从小从父母那里获得的都是消极的暗示，那么即使他长大后想变成一个充满正能量的人，也会变得困难重重。虽然他会强迫自己变得积极起来，但他的潜意识却会在大部分时间里决定着他的想法和行为。于是，消极就会成为这个人生活和工作中常有的状态，他会感觉自己总是诸事不顺。

因此，父母在教育孩子的时候，一定要多使用积极的暗示。因为只有积极的暗示才能使孩子在未来的人生道路上更加乐观，也更有进取心。

“别人家孩子”的魔咒

小王是个优秀的女性，她从海外留学归来，还是一家大公司的策划总监，长得也很漂亮。但小王的内心却非常自卑，她总觉得自己不如别人优秀，这与她的童年经历是分不开的。

小王在出生后不久就被父母送到爷爷奶奶家。她的父母工作太忙了，根本无暇照顾她，而小王的爷爷奶奶正好退休了，因此就成了最适合照顾小王的人。

在爷爷奶奶家，除了小王这个小孩子外，还有一个小表弟。小王小时候长得很瘦小，远不如胖乎乎的小表弟可爱。于是，爷爷奶奶更加偏爱小表弟，总会对小王说：“你看看你弟弟，再看看你，怎么差距这么大！”渐渐地，小王就变得自卑起来，觉得自己什么都不如小表弟，总觉得自己哪里都不好。有时候，小王甚至会努力回想爷爷奶奶是否夸奖过自己。

长大成人后，小王也是女大十八变，比小时候漂亮多了，而且各个方面都很优秀，但不论怎么样，小王就是无法自信起来，总对自己不满意。

在许多人的成长经历中，都有这样的记忆：“父母总是拿自己与别人家的孩子进行比较，别人的孩子总是比自己优秀。”其实，每个孩子都不喜欢父母拿自己与别人家的孩子进行比较，尤其是当父母说别人家的孩子比自己优秀时，会更加生气，甚至会产生父母不喜欢自己的感受。父母进行比较的次数多了，孩子就会觉得很厌烦。

虽然孩子很讨厌这种比较，但许多父母却热衷于此，觉得这是一种激励的教育方式，能起到促进孩子进步的效果。殊不知，这其实只是一种消极暗示，不仅不会起到激励的作用，还会损害孩子的自尊心和上进心，甚至使孩子不再信任父母，导致亲子关系的恶化。

如果父母真的要用比较的教育方式，最好不要拿别人家的孩子进行比较，尤其不要当着外人批评自己的孩子，抬高别人家的孩子，而是要使用“和自己比”的激励方式。例如，在针对学习成绩的问题上，拿孩子这次的成绩与上次的成绩进行比较。

比较的心理在我们的现实生活中十分常见，我们会在方方面面和别人进行比较，这通常也与我们自己的面子有关。许多父母在将自己的孩子和别人家的孩子进行比较时，说白了就是为了自己的面子。但很少有父母能意识到这个问题，只会觉得这样做是为了培养孩子，是爱孩子的表现。

孩子的学习成绩是父母经常拿来进行比较的对象，如果自家孩子学习成绩优秀，那么就能在人们面前吹嘘，会觉得自己很有面子；如果自家孩子的学习成绩很差劲，父母就会觉得自己丢脸了。

有的父母甚至会将孩子视作自己人生中唯一的期待，会让孩子代替自己去完成未实现的梦想。例如，有的母亲因为儿时没机会学钢琴，在有了孩子后，就会逼迫孩子练习钢琴，还会强加给孩子一个“将来一定要成为钢琴家”的梦想。

小沈有一个正在上初二的女儿，她在教育女儿的时候，就很喜欢以“别人家的孩子”来激励女儿，她觉得这样能激起女儿学习的斗志。不过，小沈却很少去夸奖女儿，她觉得这样做很容易让女儿骄傲。

有一次，小沈得知同事的孩子在英语竞赛中获得了二等奖，于是回家就对女儿说起了这件事。这一次，女儿突然发作了：“为什么你总是觉得别人的孩子好，既然你这么喜欢别人家的孩子，那就让拿奖的人做你女儿好了。”听到女儿这样说，小沈很不满：“你从来都不会虚心向别人学习，见不得我表扬其他人。”小沈的这句话彻底惹恼了女儿，从那以后，小沈就和女儿开始了冷战。

冷静下来后，小沈就开始反思，她渐渐意识到问题有点严重了，开始觉得这样抬高别人的孩子，贬低女儿的做法很不好，很可能会让女儿觉得自己不如他人，说不定还会让女儿变得自卑起来。想到这里，小沈就主动向女儿道歉，表示她以后会努力发掘女儿的优点。从此之后，小沈就开始针对女儿身上的优点进行夸奖。时间长了，小沈发现女儿变得比以前更开心、更自信了。

许多孩子之所以不自信，最初都来自父母的比较，虽然父母可能只是随口一说，但却会像个魔咒一样一直对孩子的自信心产生影响。

著名教育家魏书生在强调暗示的作用时，常常会提到一个十分经典的案例。有两个人同时到医院去看病，其中一个真的患有很重的肺病，另一个人没有患病，但却老怀疑自己有病。在进行检查的时候，医生建议患有肺病的患者照 X 光，那个怀疑自己有病的人听到后，也非要让医生给自己照 X 光。

护士在整理两个人的病历档案时，不小心把两个人的胸透片给弄反了。结果，患有肺病的人一看自己的病好了，顿时觉得非常轻松、愉快，高高兴兴地过了一年。然后他到医院进行复查，检查结果显示他的病真的好了。另一个怀疑自己有肺病的人，看到自己的胸透片后，情绪立刻变得低落和沮丧起来，每天都生活在巨大的心理压力下，结果没到一年的时间就因病去世了。

为什么会出现这样的悲剧？除了医院的误诊外，还有一个十分重要的因素，即暗示的力量。当一个人真的相信自己患病时，他的潜意识就会接收这个信号，向身体的各个部位输送“有病”的信息，于是就会真的患病。

父母在教育孩子的时候，如果总是使用大量的负面暗示，那么孩子就会被淹没在这些负面暗示信号之中，他的潜意识会接受自己很差劲、不如别人的信息。

有这样一则童话故事：有一个公主，长得十分漂亮，但从出生起就被一个巫婆关在一座高塔上，每天只能见到巫婆。巫婆每天都会对她说："你是我见过的长得最丑的公主，你丑陋的容貌会吓死人的。"起初，公主并不相信巫婆的话。但时间一长，公主就开始怀疑自己的容貌，她开始害怕，担心自己会被他人嘲笑，于是即使没有巫婆的看守，公主也不敢逃走。直到有一天，一位王子经过这里，看到公主美丽的容貌后，深深被她吸引，救出了她。获救后，当公主看到镜子里的自己后，才意识到原来巫婆欺骗了她。

如果父母总是在孩子面前夸奖其他孩子，贬低自己的孩子，那么孩子就会产生严重的自卑感并会自我怀疑，他的潜意识就会成为他努力的障碍，他会拒绝一切新的想法，只会觉得自己是最笨的。最后他就会变成怎么努力也不会成功的人，因为他的骨子里根本不相信自己会成功。

父母如果真的想让自家孩子学习某个孩子的优点，那么最好先表扬和肯定自己的孩子，然后再客观地向孩子呈现别人家孩子的优点。这样，孩子从心理上比较容易接受。

父母是第一任引导者

杰克·韦尔奇是位商界传奇人物。自从他担任通用电气董事长兼 CEO 以来的 20 年内，他让通用电气的市场价值增长了 30 多倍，在世界上的排名也从第十名提升到了第一名，他所推行的“六西格玛”标准、全球化和电子商务，对现代企业产生了十分重大的影响。

但就是这样一个商界传奇人物，小时候却是个自卑的孩子。1935 年 11 月 19 日，韦尔奇出生了。他有一个不苟言笑的父亲，父亲的工作很辛苦，每天都早出晚归，于是，母亲就成了韦尔奇的主要照料者。

韦尔奇是父母的“老来子”，还是家里唯一的孩子。尽管如此，韦尔奇的母亲却从来不会溺爱儿子，十分重视对韦尔奇的教育。韦尔奇有口吃的毛病，还因此很自卑。母亲十分了解韦尔奇的自卑心理，不仅没有打击他，还变着法子训练他的能力和意志力。

在韦尔奇的印象里，母亲在他成长的过程中是个权威般的存在，就是因为母亲的教育，韦尔奇才对自己充满了信心，才变得那么独立。

不过，母亲也不是一味地鼓励韦尔奇。当韦尔奇做错事情的时候，她会严厉地惩罚他。每当韦尔奇遇到挫折时，母亲都会用鼓励式的语言让他尽快振作起来。韦尔奇对母亲十分敬佩，甚至崇拜，母亲总是那么让他心服口服。

虽然韦尔奇一直在克服口吃的毛病，但效果却并不怎么明显，直到成年后他还有一些口吃。这时，母亲对他说："孩子，这算不上什么缺陷，只能说明你的嘴巴无法跟上你聪明的脑袋。你必须得面对这个现实，不要害怕与人沟通，因为只有沟通才能让别人了解你，才能帮你交到朋友，这样才能主宰自己的命运。"母亲的这番话给韦尔奇带来了很大的影响，他开始正视自己的缺陷，不再以口吃为耻，在说话的时候也更加自信。

学生时代的韦尔奇十分喜欢运动，尤其喜欢打曲棍球，还经常代表学校到其他城市参加比赛。每次比赛之前，母亲都会亲自把韦尔奇送到火车上，但并不陪他一起去参加比赛，她想让儿子知道她很在乎他，但要培养他的独立性。在中学时期，韦尔奇一直担任曲棍球队的队长，这段经历让韦尔奇对管理有了一点点自己的理解。

中学毕业后，韦尔奇想进入哈佛、耶鲁、斯坦福这样的名校学习，但却未接到这些学校伸出的橄榄枝，反倒是周围许多好朋友得偿所愿，于是他便只能到马萨诸塞州大学去上学。这个结果让韦尔奇十分沮丧，还有些不甘心。这时母亲安慰韦尔奇，让他既要面对现实，也要尽快振作起来。母亲还告诉韦尔奇，虽然马萨诸塞州大学不像哈佛、耶鲁这样的大学有名气，但很可能是最适合他的大学。

事实证明，韦尔奇的母亲是对的。在这所学校里，韦尔奇学到了最重要的一样东西，那就是自信，而这份自信也成了韦尔奇以后经营管理通用电气的秘诀。韦尔奇甚至庆幸自己没有被名校录取，不然他一定会被更多优秀的年轻人挤压得一点儿自信也没有了。

韦尔奇在大学毕业后，继续攻读了研究生和博士学位，然后就进入了通用电气公司工作，直到把通用电气公司打造成一个充满了蓬勃生命力的、盈利排名全球第一的世界级大公司，他也因此被誉为美国当代最成功、最伟大的企业家。

当一个人来到这个世界上时，父母是他首先接触到的人，父母也是他人生中的第一任引导者，父母的教养方式会给他的人生留下深深的烙印。不同性格的父母在养育孩子的过程中，所使用的方式是不一样的，这些都会影响孩子未来的性格和行为方式。

如果孩子总是能从父母那里获得积极的暗示，那么他的性格中就会被增添进坚定和自信的元素，而他也会认真听从和考虑父母所给的建议。如果父母总是给孩子以消极的暗示，那么孩子的性格就会变得懦弱、自私和自卑起来。

一项调查结果显示，凡是在成年后取得成功的人，在他的早年经历中，家人的积极暗示往往是必不可少的。在一个人的人格特质上，排除气质的先天因素外，有 80% 的部分都是在幼年形成的，而这段时间恰恰是与父母最亲密的时候。在一个人成年后，自然也会出现一些特别的事件或人来改变他的人生观或价值观，但这种改变并不是“伤筋动骨”的改变，只是在原来形成的人格特质上“添砖加瓦”而已。因此，父母必须重视对孩子的心理暗示教育。

虽然许多父母都开始重视对孩子进行鼓励式的教育，但在实际生活中更多的却是在使用消极的心理暗示。许多父母都对子女充满了期待，都希望自己的孩子能出人头地，因此，他们总是拿自己的孩子与更优秀的孩子进行比较，然后再贬低自己的孩子。这样的暗示往往很容易让孩子产生自卑的心理，甚至会让孩子对父母产生一种怨恨的心理，长大后更容易变得叛逆起来。

鼓励式的教育虽然属于积极暗示的一种，但在使用的时候一定要注意频率，不能使用得过于频繁，因为这样容易让孩子反感，总是受到夸奖的孩子还很容易变得自负，对自身没有一个切合实际的认识。一项调查研究显示，如果一个学生自我感觉过于良好，在学习的时候就不会努力。

此外，还要注意鼓励的语气，不要让孩子感觉到敷衍或不真诚。我们都有这样的体验，喜欢听到真诚的夸奖。如果夸奖不真诚，那么就会让人觉得虚伪，甚至有拍马屁的嫌疑。因此，父母在夸奖孩子的时候，一定要出自真情实感，只有这样才能产生积极暗示的效果。

小孩子是十分敏感的，也非常懂得察言观色。虽然小孩子对人与人之间的关系说不出个所以然来，但却能感受到父母对自己的爱意，能敏锐地捕捉到父母的哪句话是真心实意地夸赞自己，哪句话只是随口一说而已。

每个孩子都有属于自己的天赋，父母的任务就是发现孩子身上的天赋，并且用积极暗示的方式加以引导。在这样的环境下长大的孩子，在成年后往往会很自信，在工作的时候也会表现得非常出色。

虽然父母是孩子生命中的第一任引导者，但孩子的人生路还是要自己去走，因此父母一定得让孩子学会进行积极的自我暗示，这样孩子在以后的人生中，即使没有父母的陪伴，也能通过积极自我暗示的方式改变自己的生活。

积极自我暗示最关键的一点就是“相信我能”。这点说起来容易，做起来却很困难，尤其是当一个人面对挫折的时候。当一个人失败时，就会开始怀疑自己的能力，觉得自己就是个笨蛋。如果一个人每天都觉得自己是个笨蛋，那么最后他很有可能真的会变成一个笨蛋。为了避免这种消极暗示的影响，就必须学会进行积极的自我暗示，例如，在遇到困难时，要学会对自己说：“我一定可以，只要坚持下去，就一定能取得成功。”这种积极的自我暗示看起来稀松平常，但却可以增加一个人的自信心，甚至使一个人的心态得以改变。

积极的自我暗示有许多方式，父母在教孩子如何进行积极的自我暗示时，一定要强调积极正面的词语和语句的重要性，并告诉孩子，只要坚持向自己的潜意识输入积极正面的暗示信号，就一定能走出失败的阴影。

Part6

暗示与社交
——人际交往中的潜规则

人际关系对于我们来说十分重要，会影响我们的身心健康。如果一个人总是处于孤单的境况下，那么他就会产生压力。因为孤单的人往往无法获得来自他人的支持，需要独自一人面对生活中的压力，会觉得自己孤立无援。

没有人是一座孤岛

小伟从小就是一个性格内向的孩子，除了不爱说话和见到陌生人容易害羞外，与其他孩子并无明显差别。当小伟进入青春期后，就开始显现出了社交恐惧的征兆，不敢在陌生人面前说话，也不敢直视对方的眼睛。这种接近病态的害羞内向的性格让小伟几乎没有朋友，事实上小伟也拒绝与同伴接触和交流，因为当小伟与对方接触或交流的时候，会被极度的紧张情绪所笼罩，从而产生一种压迫感，会因为担心和焦虑而导致肌肉紧绷的身体变化，特别是脖子会变得十分僵硬。同时，小伟也会觉得十分孤单。

上学期间，小伟虽然恐惧与他人交往，但好在不影响学习。但在参加工作以后，小伟再也无法像从前一样拒绝与他人接触和交流。因为在开展工作的时候，小伟需要和同事交流，也需要和上司交流。可是小伟在与人交流的时候高度焦虑，严重时甚至会出现心悸、颤抖的症状。有一次，小伟接到了一项任务，可是由于紧张，小伟频频出错，为此他遭到了上司的责备。小伟当时感觉沮丧极了，觉得自己是一个没用的人，是一个被社会隔离的人。小伟也很想适应社会并且学会与他人交流，可是他发现这种对于其他人来说可以轻而易举做到的事情，对于自己来说却难如登天。

后来，小伟在与他人交往的时候变得越来越紧张。现在小伟每天上班之前都会压抑得喘不过气来，不仅需要面对让自己紧张的人群，还需要面对因为紧张而出丑的担忧。下班以后，小伟的精神状态也不会得到放松，他会不由自主地回想自己白天所经历的一切，尤其是自己出丑的经历。虽然小伟知道这种做法不过是徒添烦恼罢了，但就是无法控制。

小伟的事例告诉我们，人际关系对于我们来说十分重要，会影响我们的身心健康。如果一个人总是处于孤单的境况下，那么他就会产生压力。因为孤单的人往往无法获得来自他人的支持，需要独自一人面对生活中的压力，会感到孤立无援。生活的压力再加上没有人给予他心理上的支持，他会变得越来越焦虑。大脑会接收一种威胁的信号，会对他的身心产生各种负面影响。相反，一个人在面对生活的压力时，如果能获得亲朋好友的支持和关爱，那么这种随之而来的焦虑感也会减轻许多。

在所有的人际关系上，两性关系算是最亲密的一种。研究显示，如果一个人有稳定的婚恋关系，那么他的身心状态往往是健康、长寿的。

在一项实验中，实验者找来了一些已婚或处于恋爱关系中的人和单身的在读研究生做实验参与者。首先，所有的参与者需要接受唾液采集，然后实验组织者才能让他们参与一项高难度的电脑游戏，并让他们以为这是一项考试，如果通不过就会对毕业和将来的就业或工作产生消极影响。在游戏结束后，所有的参与者还要再次接受唾液采集。实验者会根据所有参与者的唾液样本测试出他们的激素指标，从而了解参与者参加游戏前后的压力水平。

结果显示，所有参与者在参加游戏后，压力水平都上升了。但已婚或处于恋爱关系中的参与者的压力水平要远远低于单身的参与者。这个实验结果说明，两性关系是有助于帮助人们对抗压力的。

在现代社会，对于许多单身的人来说，他们之所以乐于保持单身，是因为恐惧婚姻带来的压力。但实际上，婚姻虽然会带来压力，但同时也会帮助人们克服压力所带来的各种心理问题，大多数人还是殷切地希望能找到自己的另一半。对于人这种社会性的动物而言，我们是需要有人陪伴的。

当一个人处于恋爱关系中时，他的心情会出奇地好，会觉得自己得到了另一半的关爱，得到了支持，整个人都会处于非常放松的状态。但是，并不是所有的恋爱关系都能带给人以放松、愉快的感觉。如果一对恋人总是发生争吵，那么这种恋爱关系带给人的就只能是压力。

在婚姻关系中也是如此。如果一个人的婚姻总是处于争吵之中，那么这种婚姻关系不仅不能让人觉得放松，反而会使人备感压力。研究显示，遭受家庭暴力的女性更容易生病。

孤单是每个人都会遇到的心理状态，但在现代社会中却有不少人将孤单变成了生活常态。孤单的人不仅很难获得愉快的心理感受，其身体状况一般也较差。研究显示，孤单的人更容易患上心脏病、乳腺癌、阿尔茨海默病，也更容易产生自杀的倾向。这是因为当一个人处于孤单的境地时，会出现一种压力反应。

想要逃离孤独是我们的本能之一。在远古时代，人类之所以选择以群体的形式来生存，就是因为一个人总是很脆弱，抗风险能力很低，尤其是当一个人面对凶猛的野兽时。也就是说，在远古时代如果一个人落单了，那么他生存的概率将会大大降低。因此一个人一旦感觉孤独，就会出现一种压力反应，会想要逃避这种状态。

在现代生活中，因为种种便利的条件，一个人可以完全脱离群体而生活。例如，现如今出现了许多“宅男宅女”，即一种“足不出户”的生活状态，吃饭用方便面或外卖解决，并通过电脑打发时间。这种生活方式在许多年轻人中间是大受欢迎的，并被认为是一种新型的生活方式，但这种生活方式却会带来许多负面的问题。除了会带来颈椎病、腰肌劳损等疾病，还会使人丧失人际交往的能力，会使人在与他人相处的时候变得越来越“羞涩”，甚至会出现沟通障碍等心理问题，严重者就会如案例中的小伟一样，患上社交恐惧症。

我们生活在人类社会的汪洋大海中，以种种方式彼此影响、连接。没有人能成为一座孤岛，独立于整个社会之外。为了融入社会，我们就必须投入人际交往中，学习人际交往的技巧，了解人际交往的规则，其中就包括心理暗示在人际交往中发挥的微妙作用和影响。

人际交往中的互悦机制

弗朗西斯·毕卡比亚是位著名的画家。他是个很有个性的画家，不像其他画家一样一直保持着一种创作风格，他的创作模式从来都没有固定过，一直在不停地改变，有时候是抽象的风格，有时候又会回到具象艺术上；画了一段时间的超现实主义作品，就会去重操学院派裸体创作的“旧业”。

除了绘画风格外，毕卡比亚的思想、朋友、住所等也一直在不停地变化，每当他开始熟悉一件事物时，就会抛弃它，然后寻找新的事物。他在追求自由上表现得十分极端，已经到了绝对自由主义的地步。总之，在许多人的眼中，毕卡比亚就是个不干正经事的人。

一次，毕卡比亚再次搬家了，他的适应能力很强，很快熟悉了新环境。毕卡比亚对这个新环境还算满意，唯一不满意的地方就是那个瘦小的房东太太。房东太太对毕卡比亚的态度很不好，让毕卡比亚觉得她总是在故意找自己的麻烦。

一天晚上，毕卡比亚回来得比较晚，忘记关掉走廊上的灯。房东太太知道后，整整抱怨了毕卡比亚一天，让他十分头疼。房东太太还经常向其他的房客抱怨毕卡比亚。每到快要交房租时，房东太太就会死盯着毕卡比亚，好像担心他会欠租逃走一样。

后来，毕卡比亚隔壁一直空着的房间被房东太太租了出去，租房子的是个小伙子。不久后，毕卡比亚发现房东太太对他和新来的小伙子的态度有着天壤之别。房东太太很照顾那个小伙子，有好几次毕卡比亚发现房东太太和新来的小伙子热情地打招呼，但却不理他，有时候房东太太还会主动邀请新来的小伙子到她家去吃饭。房东太太这样的差异对待，既让毕卡比亚感到吃惊，同时还有因为不公平产生的愤怒情绪，他觉得同样是房客，为什么自己会被房东太太讨厌呢？

为了解开心中的疑惑，毕卡比亚开始细心观察这两个人。几天后，毕卡比亚终于找到了问题所在。毕卡比亚发现，那个小伙子每次见到房东太太都会有礼貌地打招呼，而自己却根本懒得看房东太太一眼；而且小伙子每天晚上都会主动关上走廊的灯，但毕卡比亚却从来不会主动这样做。毕卡比亚换位思考了一下，他觉得如果自己是房东，也会喜欢这个新来的房客。毕卡比亚开始了自我改变。

其实，房东太太是故意“刁难”毕卡比亚的，因为她觉得毕卡比亚的性格太过急躁和骄傲。一段时间后，房东太太发现了毕卡比亚的改变，开始主动和毕卡比亚打招呼，这让毕卡比亚有了受宠若惊的感觉。从此之后，毕卡比亚与房东太太的关系越来越好，还经常到房东太太家去吃饭。这里也成了毕卡比亚居住时间最长的地方。

在心理学上有一个被称为“互悦机制”的理论，这种理论是说人与人之间相处，是要将心比心、以心换心的。也就是说在人际交往中，没有一个人会毫无理由地喜欢另一个人，也不会无缘无故地讨厌另一个人。一个人想要获得他人的喜爱，那么就必须向对方发出友好的信号。每个人都有这样的心理，愿意亲近对自己友好的人，而远离厌恶自己的人。

如果一个人的人缘不好，那么他通常会是一个不善于主动表达自己的人，也就是说他不擅长发出友好的心理暗示信号。这样周围的人就会误以为他不喜欢自己，自然就不会主动和他交往。

小雪是个长得很漂亮的姑娘，还有一份不错的工作，但她却有一个烦恼，就是找不到男朋友。许多人都觉得非常奇怪，像小雪这样优秀的姑娘怎么会找不到男朋友，按理说她周围的追求者应该有很多。原来，小雪是个不会表达自己内心感受的人。曾经有小雪心仪的男人追求过她，但对方在表达了自己的心意后，根本接收不到小雪的回应，渐渐地对方误以为小雪对自己没意思，慢慢就疏远她了。

互悦机制在人际关系中十分重要，尤其是在男女关系中。当你喜欢一个人的时候，恰巧那个人也喜欢你，你就会觉得非常惊喜，会更加喜欢对方；如果你喜欢的人根本不喜欢你，甚至表现出厌恶你的言行，那么你就会觉得非常伤心或沮丧，从而变得不再喜欢对方，甚至会因爱生恨。

既然互悦机制这么重要，那么我们该如何在人际交往中应用这个理论呢？

乔·吉拉德是世界上著名的汽车销售员，他之所以能得到顾客们的喜爱，并创造出平均每一个工作日卖掉 5 辆汽车的销售纪录，就是因为他是个可以成功利用互悦机制的高手。

吉拉德为了让顾客喜欢他，会主动做一些在很多人看来没用的事情。每逢节假日的时候，他会给每一位顾客送去一张问候的卡片。卡片的内容也会随着节日的变化而变化，不过有一句话是永恒不变的，这句话就是："我喜欢你。"吉拉德这么做，就是为了向顾客们表达自己对他们的喜爱。

互悦机制之所以会被称为互悦机制，就是因为喜欢是相互的。既然吉拉德已经表达出自己的友好了，那么顾客也会做出回应。这种微不足道的小事给吉拉德带来了每年超过 20 万美元的收入，还创造了连续 12 年销售第一名的纪录，因此被吉尼斯世界纪录认定为最伟大的汽车销售员。

互悦机制在现实生活中十分常见，还引起了心理学家的重视，在 1982 年，美国威斯康星大学还曾进行了相关的实验。

实验者将参与者分成了甲、乙两组，然后让他们进行保龄球比赛。在初赛阶段，两队的比赛结果一致，各自击倒了 7 只瓶。但在中间休息时，各队的教练分别对队员采取了不同的态度。其中，甲队教练走过去对自己的队员说：“初赛时，你们表现得很棒，击倒了7只瓶子，接下来的比赛中要继续努力！”乙队的教练却在训斥自己的队员：“怎么才击倒了7只瓶子，你们的表现真够差劲的！平时我怎么训练你们的都忘了吗？”

在接下来的比赛中，甲队表现得越来越好，因为他们从教练那里得到了很大的鼓励。但乙队由于教练的训斥显得很不高兴，在比赛时状态也不好，随着比分越来越低，乙队队员们开始变得不耐烦起来，结果越打越糟糕。最终，甲队赢得了比赛。

这个实验结果说明了，人们比较倾向于接受自己喜欢或亲近的人所提出的意见和要求。因此在向他人提出要求时，必须得表现出友好的态度，这样对方接受起来会比较容易，而且不会产生排斥感。

在使用互悦机制时，可以采用直接的方式，例如直接告诉对方我喜欢你。我们也可以通过赞美对方来表达自己对对方的喜爱之情。但赞美必须得是出自真情实感，不要给人以虚假的感觉，因为不是由衷地赞美很容易让人把它误以为是讽刺。

赞美的方式有许多种，其中向对方表达自己的羡慕之情是最好的赞美方式。

有一个法官想要美化一下自己的庄园，于是就找来了一个花匠，还为花匠提出了不少建议。这种事如果放在其他花匠身上，会觉得很不耐烦，但这个花匠却说：“法官先生，你的业余爱好可真广泛。

我特别羡慕您那漂亮的狗，我还看到您家中有许多在家犬比赛中赢得的蓝彩带。”花匠的这番话让法官十分高兴，他兴奋地说：“是啊，是啊，养狗有很多乐趣。你想不想参观一下我家的狗窝？”

接下来的一个小时内，花匠都在法官的指引下看了狗窝和他养的狗，法官还兴冲冲地向花匠介绍那些狗赢得的各种奖品。之后，法官问花匠：“你有孩子吗？”花匠回答说：“有啊。”法官又问：“那他想不想养一条小狗？”花匠急切地回答道：“当然想，他一直和我一样都很喜欢狗，如果有一条小狗，他一定会非常开心的！”法官说：“那好，我送你一只。”接着，法官就开始滔滔不绝地向花匠介绍养狗的方法和窍门。说完后又觉得自己说得太多了，花匠可能记不住，于是就开始给花匠写下喂狗的方法。

最后，花匠从法官那里得到了价值 100 美元的狗。法官之所以会这样做，就是因为花匠真诚的羡慕让他感到很愉快。

每个人都有值得别人羡慕的地方。因此在人际交往中，我们要善于将这些挖掘出来，然后用真诚的态度加以称赞，那么就能收到许多意外的惊喜，不仅有利于建立良好的人际关系，还能获得快乐。此外，在平常多表达自己的关心，也是发出“我喜欢你”暗示信号的方式之一。

用幽默调节氛围

温斯顿·丘吉尔是英国在第二次世界大战期间的首相，正是在他的坚持下，英国才没有像法国那样沦陷。丘吉尔最让世人印象深刻的是他的坚持，他在成为首相后，通过演讲表明了自己坚决的态度："我们要做的就是争取胜利，不论付出多少代价，也要获得胜利，没有胜利我们就无法生存。"除此之外，丘吉尔还有一点让许多人印象深刻，即非常懂得运用幽默的心理暗示策略来化解尴尬。

丘吉尔有一个习惯，在每天工作完毕后，都要跳进热气腾腾的浴缸泡澡，这能让他的身心得到极大的放松。在泡澡完毕后，丘吉尔会趁着放松的状态在房间内边走边思考问题，而且是光着身子。

在"二战"期间，丘吉尔深知想要打败德国，就必须得拉美国入伙，为此他不止一次到美国白宫游说罗斯福总统，希望美国能给予欧洲战场以军事援助。有一次，他来到美国后，并未马上与总统见面，而是立刻到房间内洗澡。洗完澡后，丘吉尔像往常一样光着身子在房间里踱步。这时，有人敲门了，丘吉尔以为是随从，就随口说道："进来吧，进来吧。"

结果，门一打开，门口出现的是美国总统罗斯福，他立刻看到了一丝不挂的丘吉尔，罗斯福觉得很尴尬，就准备退出去。丘吉尔的反应很快，他伸出双臂，大声喊道：“总统先生进来吧，大不列颠首先对美国总统是坦白的，没有什么东西要隐瞒。”罗斯福一听，立刻哈哈大笑起来。

在“二战”末的一次国际会议上，美国、苏联、英国的领导人罗斯福、斯大林和丘吉尔见面后，斯大林就对丘吉尔说：“丘吉尔先生，你虽然赢得了战争，但却在国内的竞选中失败，你的选民罢免了你。你看看，有谁敢罢免我！”丘吉尔随即说道：“我打仗的目的就是为了捍卫选民罢免我的权利！”

在丘吉尔 75 岁的生日会上，一位年轻的新闻记者对丘吉尔说：“真希望明年还能来为您庆贺生日。”这种话对于高寿老人来说都是很忌讳的，但丘吉尔却毫不在意，他拍了拍年轻人的肩膀，然后说道：“我看你的身体这么壮，应该没有问题。”

在人际交往中，人们往往很容易遇到尴尬的局面，这个时候就会产生难堪的感受，会影响我们的心情，于是化解尴尬，调节氛围就变得尤为重要。化解尴尬能帮助我们获得良好的人际关系，还能拉近彼此之间的心理距离。如果在面对他人的调侃或是刻意刁难时，不会用幽默的方式来化解，那么彼此之间都会耿耿于怀，从而影响双方关系的发展。

在公众场合面对尴尬时，幽默总是最好的选择，能轻易地让在场的人，包括刻意为难你的人，立刻体会到轻松和快乐的感受。如果尴尬是因玩笑过头，那么幽默能让开玩笑的人意识到自己的玩笑开大了，甚至还会感激你没有因此而生气。

在现实生活中，我们常常发现，富有幽默感的人不仅有好人缘，还总是很快乐。这是因为幽默的人总是以乐观、幽默的态度去对待周遭所发生的一切，能给周围的人带来快乐。

此外，幽默还能帮助我们化解悲伤情绪。当令人觉得难过或悲伤的事情发生时，每个人都会有不同的反应。大多数人都会觉得悲伤、遗憾甚至是绝望，但有的人会选择用嘲讽的态度去看待悲剧，于是就会出现黑色幽默。这种幽默不仅不是病态的，还能使人的消极情绪得以缓解，从而变得不再那么悲伤。

在一项实验中，实验组织者找来了30位残障人士，然后让他们看一些和残障有关的漫画笑话。与此同时，实验组织者会观察参与者的反应，之后让他们填写一些调查问卷，从而更准确地统计出他们的感受。

对于残障人士来说，残障是件让人觉得十分难过的事情，如果有人调侃残障，那么他一定会很生气。但实验结果显示，在观看了许多和残障有关的笑话后，他们不仅没有生气，在面对残障这个事实时，反而显得更轻松了，表现出了较高的活力和自我控制力，对自己的看法也比之前好了很多。这个结果说明，幽默是我们在面对悲剧时，使自己有效恢复的方式之一。

有研究者还发现，对于失去亲人的人，如果他在一段时间后能尽快地从悲伤中恢复，并变得快乐，那么他在处理压力时会更得心应手，社会适应能力也会增强。还有研究显示，接受乳腺癌手术的女性，如果能以幽默的状态去面对癌症这个事实，那么她在术后会恢复得更快，对自己的病情也会更加乐观。

有一种幽默的方式，被称为自嘲，这是幽默的极致表现，它能让社交氛围马上变得轻松起来，还能令使用者表现出自己的智慧和情趣。

美国总统林肯也是个很善于运用幽默来化解尴尬的人。林肯与妻子之间的关系并不好，妻子对林肯总是不满意，尤其厌恶林肯丑陋的外貌，甚至会当众指出林肯的缺点。每一次，林肯都能用幽默的自嘲来化解因为妻子造成的尴尬氛围。

有一次，林肯和夫人正在和几个重要官员吃晚餐。不知怎么的，总统夫人突然开始刁难起林肯来：“你吃东西的样子真难看。不是，你走路的样子更难看，就好像密西西比河里的一只八爪鱼。”在场的人听到总统夫人的话后，既觉得吃惊，又觉得尴尬，都放下餐具，等着总统的反应。林肯接过了夫人的话：“是吗？那我得多吃点儿，这样我这只胖胖的八爪鱼就能被端上餐桌了。那味道一定好极了，我觉得还得取个名字，就叫‘总统套餐’好了。”在场的人听到后都笑了起来。林肯轻松地运用幽默自嘲使就餐的氛围重新变得活跃起来。

在人际交往中，自嘲往往能发挥巨大的作用，能够拉近彼此之间的距离，从而让双方更好地沟通。此外，自嘲还具有稳定自己情绪的功能，让自己变得更加自信。

让冬色一扫而光

一天傍晚，玛丽正在家里做饭，突然听到有人敲门，她以为是孩子回来了，就随手打开门，结果门外站着一个持着刀目光凶狠的男人。很明显，男人是来抢劫的，但玛丽并未露出惊慌的表情，而是微笑着对他说道："朋友，你真是个爱开玩笑的人，你是菜刀推销员吧？我挺喜欢这把菜刀的……"她边说边让男人进屋，接着说："你长得可真像我过去的一位邻居，他是个很善良的人，我们相处得很愉快，看到你，我就想起了过去那段快乐的时光。对了，你是要咖啡还是茶……"

玛丽的微笑和热情似乎感染了这个凶悍的歹徒，他原本杀气腾腾的脸上渐渐露出腼腆的表情来，说话也有点儿不利索："谢谢，哦，谢谢。"

最后，玛丽真的从歹徒手中"买"下了那把本该架在她脖子上的菜刀。陌生男人拿着钱，迟疑了一会儿就真的走了，在转身离开的时候，他说："太太，你将改变我的一生。"

微笑的脸部动作很容易做出来，只要嘴角上扬即可，但微笑的感染力却是十分神奇的，它能使你变得更具有亲和力，从而赢得他人的好感。俗话说：“伸手不打笑脸人。”每个人看到一张笑脸时，都会接收到友好的心理暗示信号，对方的微笑似乎是在告诉你：“我对你有好感，遇见你让我觉得很快乐。”这种友好的信号，往往会使双方降低对陌生人的警惕，还能使双方的心理距离得以拉近，甚至可能会使双方产生一见如故的感觉。

有时候，微笑也能帮助我们化解他人的敌意。在一场宴会上，一个商人因为很讨厌卡耐基，就在人群中大肆抨击卡耐基。殊不知，卡耐基也参加了这场宴会，此时正站在人群中听这位商人的“高谈阔论”。卡耐基并未上前阻止，而是微笑着静静地站在那里。等那个商人发现卡耐基的时候，他脸上立刻露出了非常尴尬的表情，恨不得立刻溜走。这时，卡耐基微笑着向他走去，和他亲热地握了握手，好像完全没听到商人讲过自己的坏话一样。从此以后，卡耐基就和商人成了无话不谈的好朋友。

法国大文豪雨果曾经说过：“微笑就是阳光，它能消除人们脸上的冬色。”微笑不仅可以拉近人与人之间的距离，帮助我们调节尴尬气氛、消除不愉快，还可以成为我们取得成功的利器。

在某市市中心的时代大厦中有一家知名的 IT 公司。有一天，这家公司招了一个新的前台保安。通常，员工们是不会特意关注保安的，但这个新保安却引起了许多人的注意。新保安的相貌很普通，不是一个能让人眼前一亮的帅哥，但他的精神状态却很不错，站得笔直，眼睛里好像有星星一样，脸上洋溢着热情的笑容。最特别的是，新保安会主动和每一个来往的人热情地打招呼。

新保安上班不到一个星期，就能叫出自己所在公司所有人的名字。每天早上上班的时候，新保安都会微笑着叫出每一个经过的同事的名字，并告诉对方今天是第几个到的。下班的时候，新保安还会微笑着提醒所有的人，晚上会停电，请大家提前保存好数据，或者会对路过的人说，今天工作辛苦了，回去好好休息。

起初，很少有人会理会这个新保安，有的人甚至会用奇怪的眼神看着新保安。可时间长了，大家就渐渐觉得这个新保安的热情和笑容都是真诚的，开始有人主动和新保安打招呼，有的人甚至会停下脚步和新保安聊一会儿。到了周末休息的时候，也会有人主动邀请新保安一起去运动或玩游戏。

这个新保安的名字叫段小磊，是个刚刚毕业不久的大学生，他虽然有计算机和工商管理的双学士学位，但由于既没有工作经验，又不是名牌院校毕业的，在毕业后一直找不到一份理想的工作。最后，段小磊就只能暂时到这家 IT 公司当保安。虽然段小磊的职责只是一名保安，但他并未放弃计算机领域的学习。他在和同事们变得熟络以后，就会主动找工程师咨询一些技术方面的问题。于是，段小磊就给同事们留下了一个热情、爱学习的良好印象。

段小磊终于等来了属于自己的机会，在 2012 年 2 月，这家公司发出了一个紧急招聘通知，这次招聘员工所要求的条件并不像以往那样苛刻，只要求员工能熟练操作电脑，能够完成基础性的数据整理即可。当时，负责招聘的同事立刻想起了段小磊，于是就在第一时间把这个消息告诉给了段小磊。段小磊的动作也很迅速，他在几天后辞去了保安的工作，开始参加面试。最后，段小磊成功入职。

段小磊的这一逆转立刻引起了记者的注意，记者觉得这是个很不错的励志故事，就上门采访他，问他成功逆袭的秘诀是什么。段小磊回答说："是微笑。当你给了别人一个笑脸，虽然不一定能马上收获一个笑脸，但只要你能将微笑继续下去，那么就会融化掉对方的冷漠，最后对方也会给你一个笑脸。"段小磊还告诉记者："我在办公室的桌子上放了一盆自己养的花，还贴着各种各样的小纸条，上边都是我的工作计划。而且我每天都会告诉自己：微笑是对生活最好的感恩方式，我人生的路还很长，还需要继续努力和学习。"

在人际交往中，如果一个人总是板着一张脸，那么就会导致人际关系紧张，甚至会产生矛盾，使双方变得对立。但这一切都可以通过一个很简单的动作来化解，这个动作就是微笑。微笑可以使双方的心理、情绪和思维都得到最快的放松，这样人际关系的紧张度也会随之降低。总之，微笑是人际交往中一种易学且充满智慧的交际手段。

在人际交往中，学会控制自己的情绪是一项十分重要的能力。

如果你在人际交往过程中的情绪不怎么好，或是处于高度紧张的状态，那么最好露出微笑的表情。之后，你就会发现原来微笑的效果是这么明显。

当你每天早上收拾完毕后准备出门时，最好照一下镜子，对着镜子做出一个你自认为完美的笑脸，并告诉自己，这个笑脸是做给自己的，会给自己带来好运。微笑会使你看上去更加自信，不仅会给你的工作或学习带来动力，还会感染周围的人，人们会对你产生不一样的感觉。而且，微笑还能给我们带来乐观积极的心态。你可以做这样一个简单的测试：先做出一个笑脸，然后微笑着想一件令你不愉快的事情。之后，你就会发现那件事情好像也没那么糟糕。这是因为当我们做出笑脸的时候，我们就在向自己传达这样一个心理暗示信号："生活是美好的！"

虽然微笑在人际交往中十分重要，但并不意味着只要笑一笑就万事大吉了。人毕竟是有敏锐感觉的动物，能感觉到一个人的微笑到底是真诚的、发自内心的，还是虚伪的、做做样子的。虚假的微笑会让人产生厌恶之感。想要露出真诚的微笑，就必须注意自己的眼睛是否带着笑意，因为假笑往往都是嘴角上扬，但眼睛却没有变化。

Part7

暗示与魅力
——变身为“万磁王”

如果我们注意观察就会发现，在现实生活中，那些对自己充满了自信的人，往往有着一种非凡的美丽，总会轻松地吸引他人的目光，甚至会传递给人一种力量，能从心底打动他人，并赢得对方的好感。

自信让你更美丽

在一个小镇上，有一个姑娘生活得十分贫困，她的父亲很早就过世了，只留下她与母亲相依为命。母亲收入微薄，只够母女两人日常开销，根本没有多余的钱给她买漂亮的裙子，更别说美丽的饰品了。

贫困的生活让这个姑娘从小就非常自卑，也没有什么朋友，每天把自己封闭起来。随着年龄的增长，姑娘开始越来越羡慕其他女孩拥有的漂亮衣服和饰品，她希望自己也能拥有这些。但这只能想想，她和母亲根本没钱买这些东西。因此，自卑的她在大街上行走时，总是低着头，别人看不到她的脸，她也不敢与别人对视，总觉得别人会取笑她。

在过生日的时候，其他的孩子都会收到一份精美的生日礼物，但这个姑娘却从来没收到过，不是她的母亲不想送，而是实在没有钱。到了姑娘 18 岁生日的时候，母亲觉得这个生日意义非凡，就将省吃俭用积攒下的 20 美元给了女儿，并对她说："孩子，用这些钱买些你喜欢的生日礼物吧。"

姑娘很开心，就拿着这20美元去了商店。在去商店的路上，姑娘依旧自卑地低着头走路，不敢让其他人注意到自己。不过，姑娘会偷偷打量其他姑娘的穿着，每当看到打扮得光鲜亮丽的女孩时，她就更加自卑，心里想：“我是这个镇上最穷的女孩，没有人愿意和我说话，也没人愿意做我的朋友，就连我喜欢的男孩也不会多看我一眼。”想着想着，姑娘就来到了商店门口。

走进商店后，姑娘看到了许多漂亮的饰品，她的目光一下子就被吸引住了，她很喜欢这些饰品，但她的身上却只有20美元，她不知道自己该买哪一个。就在这时，店员走了过来：“姑娘，你长得真漂亮，尤其是这一头褐色的头发，简直太漂亮了。我觉得这个头花很配你褐色的头发，你戴上一定很好看。”姑娘被店员说动了，就接过了那朵淡绿色的头花，她先看了看标价，是18美元。她觉得太贵了，准备拒绝的时候，店员已经把头花戴在了她的头上，并拿出镜子让她看：“你快看看，你是镇上最漂亮的姑娘。”姑娘看着镜子里的自己，也觉得美极了，就不再犹豫，买下了头花。

付完钱后，姑娘十分开心，她不再自卑了，开始陶醉在自己的想象之中。她快速地走出商店，就连在门口撞到了一个人也没注意，她已经迫不及待地想让所有人看到自己的美丽，尤其是自己心仪的男孩。

当姑娘走到大街上时，她觉得周围的人都在议论自己的美丽，所有羡慕和惊讶的目光都集中在了她的身上。不一会儿，姑娘看到了自己心仪的男孩，男孩主动邀请她做舞伴。这让她十分开心，就决定再回商店用剩下的两美元为自己买点儿东西。结果在商店门口她碰到了一个老人，老人对她说："姑娘，我就知道你会回来的，刚才你撞到我的时候将你的头花弄掉了，我在等你回来取。"这个时候，姑娘才恍然大悟，原来让她美丽的并不是头花，而是自信。在自信的心理暗示下，原本自卑封闭的姑娘变得魅力四射起来。

如果我们注意观察就会发现，在现实生活中，那些充满了自信的人，往往有着一种非凡的美丽，总会轻松地吸引他人的目光，甚至会传递给人一种力量，能从心底打动他人，并赢得对方的好感。

气场是我们常常听到的一个名词，也被称为吸引力或魔力。气场强大的人很容易吸引别人的目光，好像在对周围的人散发隐形的能量一样。气场这个名词说起来十分抽象，但在我们的现实生活中，每个人的确能散发出一种不可言说却吸引人的力量，这种力量就是我们常常说的气场。

我们虽然看不见心理暗示所产生的力量，但可以感受到一个人在心理暗示下散发出的强大气场。当一个人身处危险境地时，如果能运用心理暗示，摆出一副自信的姿态来，那么就能战胜因危险而产生的恐惧。

一天晚上，小雨下班比较晚，在步行回家的路上，她突然看见两个男人从街对面朝着她走过来，她觉得他们的行为举止有些怪异，立刻变得警惕起来。这两个男人慢慢靠近她，然后分开行动，一个人朝着小雨走过来，另一个则溜到了小雨的身后。小雨的直觉是对的，这两个男人图谋不轨，她现在正处于危险之中。十分恐惧的小雨开始迅速地思考对策，她想到了逃跑，但很显然成功率非常低；她还想到了呼救，但附近好像没什么人。

最终，小雨挺直腰板，迈着坚定的步伐迎面走了过去。看到如此自信的小雨，迎面走来的那个男人立刻蒙了，他被小雨的反应吓住了，于是就突然转头走了。而跟在小雨后面的男人看到此景后，也离开了。小雨因此躲过了一劫。

自信可以让一个人的气场变得强大起来，当我们感到自信时，整个人的姿势、眼神、面部表情以及气势都会发生变化，而别人会明显地感知到你强大的气场。也就是说，在自信的心理暗示下，我们的语言和肢体都会传达一种强大的信号。

在伊丽莎白·托马斯所著的《狗的秘密生活》这本书中描述了这样一个故事：米莎是只西伯利亚爱斯基摩犬。在它两岁时的一天晚上，它正在散步，迎面走来了一只体型庞大且性格凶猛的圣伯纳犬。米莎明明很害怕，但还是做出了一副自信满满的样子，高昂着头，尾巴放松着高高竖起，从圣伯纳犬身边走了过去。米莎以假装的自信，给了自己一个很好的暗示，成功地战胜了自己内心的胆怯。

每个人都具有一定的气场，而气场的强弱往往决定了你影响力的大小。许多人都很羡慕那些看起来充满了自信和魅力的人，这其实都是心理暗示在起作用。如果你也想变得充满魅力，那么就得利用心理暗示让自己自信起来。当你决定做一件事情时，要告诉自己："别人能做到的，我也可以。"千万不能有打退堂鼓的念头，更不能对自己说："怎么可能？我又不像他那么有魅力。"如果总是有这样的想法，那么你的气场就会在这样的心理暗示下变得越来越弱，最后会被他人所影响。

想要变得自信起来，就必须做到两点：第一点是不能看轻自己。当一个人将自己与更优秀的人进行比较时，很容易看轻自己，觉得自己不如人，这是一种缺乏自信的表现，同时也会让周围的人对你丧失信心。第二点便是学会欣赏自己。每个人都是独特的，有自己的优点，如果想要让自己变得自信起来，就必须得学会欣赏自己的优点。

总之，如果一个人对自己充满了自信，那么在周围人的眼中，他就会变得魅力四射，别人会轻易地被他吸引，甚至在不知不觉之中对他产生好感。相反，如果一个人的内心总是充满了自卑，那么周围人就会觉得他是个颓废、迷茫的人，这样的人是毫无魅力可言的。

第一印象最深刻

在《三国演义》中，徐庶曾对刘备说："卧龙凤雏（诸葛亮和庞统），得一而可安天下！"按照徐庶的评价，诸葛亮和庞统在智谋上可以说是不相上下的，但两人的遭遇却大相径庭，这与两人的相貌是分不开的。

关于诸葛亮的相貌和体态，在小说中有这样一句话："玄德见孔明身长八尺，面如冠玉，头戴纶巾，身披鹤氅，飘飘然有神仙之概。"诸葛亮不仅人长得帅，气质也很不错。但庞统的相貌就远不如诸葛亮了，小说中是这样描绘庞统的相貌的："浓眉掀鼻，黑面短髯，面容古怪。"

虽然庞统的名气也不小，但从未有人主动找他筹谋，他也没有参与谋划军国大事的机会。后来，庞统主动投靠孙权。孙权看到相貌丑陋的庞统，很不高兴，再加上庞统目中无人，就拒绝了庞统。庞统无奈之下只能去投靠刘备。

两个人在第一次见面的时候，通常都会根据对方的相貌、衣着、谈吐、风度等方面来做一个初步的评价，于是第一印象就形成了。

第一印象对于个人魅力来说十分重要，只要能给别人留下一个深刻的第一印象，那么以后的交往就会变得容易得多。如果第一印象很糟糕，那么以后的交往中，很难改变这种糟糕的印象。这是因为人具有保持认知平衡和情感平衡的心理作用，也就是说一个人更倾向于将后来得到的信息进行加工处理，从而与已有的观念保持一致。

第一印象在心理学中被称为“首因效应”。心理学研究发现，当一个人与另一个人初次见面时，会在 45 秒的时间内产生第一印象。第一印象十分重要，会对他人的社会知觉产生较强的影响，而且还会在一个人的头脑中占据着主导地位，直接影响其以后的一系列行为。也就是说，第一印象的作用很强，持续的时间也很长，会给对方带来十分强烈的心理暗示。例如，如果一个人给人留下友好的第一印象，那么他之后做任何事情，在对方的眼里都会被看成是友好的。

美国社会心理学家洛钦斯在 1957 年做了一个和首因效应有关的实验。在这个实验中，洛钦斯编写了两段小故事，描写的是一个名叫詹姆的学生的生活片段。这两个小故事的主人公虽然都叫詹姆，但性格却是完全相反的。其中一个小故事中的詹姆是个热情开朗的人，而另一个小故事中的詹姆则是个内向冷漠的人。

第一个小故事是这样的：詹姆和两个朋友相约出门去买文具，他们走在一条马路上，当天的天气很好，充满了阳光。詹姆和朋友们一边走一边晒太阳，他们感觉很舒服。他们走进了一家文具店，店里有很多人，他们便只能排队等待。詹姆遇到了一个熟人，就和对方聊了一会儿。买好文具后，詹姆和朋友告别，向学校走去，在路上他遇到了一个前天晚上刚认识的女孩子，就和对方聊了一会儿，之后他们便分手告别了。

第二个小故事描绘了这样的场景：放学后，詹姆独自一人离开学校准备往家走，这天的阳光十分耀眼，他便走在马路阴凉的一边，这时他看到了前天晚上遇到过的那个漂亮的女孩。詹姆穿过马路来到了一家饮品店，店里有许多人，很拥挤，他还看到了几个认识的人。之后，詹姆便开始安静地排队，直到柜台服务员注意到他之后才买了饮料，他拿着饮料坐在一张靠着墙的椅子上，喝完饮料后就回家了。

在实验过程中，洛钦斯将所有参与者随机地分成了四组，每组参与者虽然都读了詹姆的故事，但却是两个故事不同的排列组合。

第一组参与者所读到的材料组合是，将热情开朗的詹姆放在前面，而那个内向冷漠的詹姆则放在了后面；第二组参与者所读到的材料组合是，将内向冷漠的詹姆放在前面，而热情开朗的詹姆则被安排在了后面；第三组参与者只会读到热情开朗的詹姆的故事；第四组参与者只会读到内向冷漠的詹姆的故事。最后，所有的参与者都需要对詹姆的性格进行评价。

结果显示，第一组参与者中有 78% 的人认为詹姆是个热情开朗的人，第二组参与者中有 82% 的人认为詹姆是个内向冷漠的人，第三组参与者中有 95% 的人认为詹姆是个热情开朗的人，第四组参与者中有 97% 的人认为詹姆是个内向冷漠的人。这个结果充分证明了第一印象的重要性。

在现实生活中，每个人都希望自己能成为受欢迎的人，希望别人眼中的自己是有魅力的。想要让自己变得受欢迎和具有魅力，就必须得利用第一印象。虽然第一印象并不完全可靠，它只是对一个人表面的、非本质的特征进行评价，有以貌取人的嫌疑，但人就是一种注重感觉的动物，一般比较倾向于和那些给人留下友好、大方、随和印象的人进行交往。

如果我们留心观察就会发现，儿童十分喜爱第一次见了他就笑呵呵的人，如果这个人能再夸奖他几句，那么儿童就会更加喜欢他。首因效应虽然在儿童身上表现得十分明显，但也会出现在成年人身上，就连美国总统林肯也是如此。一次，林肯因为相貌偏见拒绝了朋友推荐的一个有才能的阁员。之后，朋友责怪林肯以貌取人，并说任何人都无法决定自己的相貌，这是天生的。林肯则随口说："一个人过了 40 岁，就应该为自己的相貌负责。"

第一印象之所以重要还与光环效应有关。一个人对某个事物做出了评价后，就会在这个评价的基础上产生心理暗示，从而推论该事物的其他品质，这种现象就被称为"光环相应"。也就是说，如果一个人认为某个事物是"好"的，那么该事物就会被笼罩在"好"的光环之下，这个人会认为该事物的所有特征都是好的。相反，如果这个人评价的结果是"坏"的，它则会被笼罩在"坏"的阴影之中。

关于光环效应，美国心理学家凯利曾在麻省理工学院做过实验，当然参与实验的两个班的学生是毫不知情的。在这一天，学生们像往常一样来学校上课，但有两个班的学生却怎么也等不来老师，之后有一个人来向大家宣布，老师临时有事请假了，学校请来了一位研究生代课。接着这个人分别向两个班的学生介绍了一些有关代课老师的情况。

其中一个班得到的信息是，这个代课老师是个热情、勤奋、务实的人；另一个班的学生得到的信息是，代课老师是个冷漠、勤奋、务实的人。

下课后，两个班的学生分别对代课老师形成了不一样的态度。其中一个班的学生和代课老师很亲密，好像多年不见的老友一般；另一班的学生却对代课老师敬而远之，绝不会主动找代课老师谈话。之所以会出现这样的情况，就是光环效应在起作用，两个班的学生分别戴着有色眼镜去看待代课老师，于是代课老师就被赋予了不同的整体印象。

无独有偶，著名社会心理学家理查德·尼斯贝特也进行过和光环效应有关的实验。在实验开始后，实验组织者告诉学生们，这是一项关于评价老师的实验研究，然后把学生们随机分成两组，随后又安排他们观看两段不同的视频，但视频中的讲师都是同一个人，有着很重的比利时口音。

第一组参与者看到的讲师是和蔼友好的，第二组参与者看到的讲师是冷酷而疏远的。在观看完视频后，所有学生都需要对讲师的外表、特殊的语言习惯进行打分。结果显示，第一组参与者认为讲师更具有魅力，而他的比利时口音听起来也是那么有趣；第二组参与者则感觉讲师是个很冷淡的人，给人一种不好亲近之感。这个实验结果同样证明了光环效应的存在。

不论是光环效应，还是首因效应，都要求我们要注重第一印象的影响力。只要能给他人留下深刻、美好的第一印象，那么，我们就会在光环作用的影响下，拥有更多的优点，从而变得更有魅力。因此，我们需要在人际交往中做到以下几点：

第一，说好第一句话。虽然外貌、衣着等外部特征对一个人的第一印象十分重要，但谈吐同样重要，它能表现出一个人的内在素养，许多人也可以根据第一句话来推测对方的性格特点，因此一定要说好第一句话。通常情况下，第一句话要以真诚的赞美为主。

第二，注重自己的外表，打扮得体。一个人没有办法决定自己的相貌，但衣着打扮却是可以自主决定的。我们常常听到这样一句俗语：“人靠衣装，马靠鞍。”说的就是衣着打扮的重要性。

第三，注重自己的言行举止，在与他人初次见面时要保持微笑和礼貌，注意分寸和距离。一个人的言行举止在许多人看来常常代表着他的性格，如果一个人的言行举止非常得体，就会很容易赢得别人的好感。

给人以如沐春风之感

洛克菲勒是美国著名的石油大王，同时他还是个白手起家的企业家。洛克菲勒之所以能将生意做大做强，并且创造了一个属于自己的石油帝国，与他卓越的经营能力是分不开的。

在那个时代，资本家与工人们之间的关系处于十分紧张的敌对状态，常常会出现罢工的现象。而洛克菲勒作为一个企业家，自然也是工人们仇恨的对象。在工人罢工的影响下，洛克菲勒的整个企业都陷入了停业的状态。有一次，工人们甚至宣布要把洛克菲勒吊死在树上。

为了解决工人们的罢工问题，洛克菲勒做出了一个让所有资本家都吃惊的决定：他用了好几个星期的时间深入工人之中，去了解工人们的工作和想法。后来，洛克菲勒便开始在工人们面前公开发表演说，在演讲的过程中，他从来不会吝啬对工人们的夸奖。

洛克菲勒的种种努力终于产生了神奇的效果，许多工人都觉得洛克菲勒看到了他们的辛勤劳动，怒火渐渐平息。这些都为洛克菲勒带来了威望，拉近了他与工人们之间的距离，工人的敌对情绪渐渐消逝。

洛克菲勒的夸奖之所以会产生这么神奇的效果，是因为“南风法则”在起作用，也就是说赞扬往往比批评更容易让人接受。南风法则来源于法国作家拉·封丹所写的一则寓言故事。

北风和南风都有无比强大的威力，为了证明谁的威力最大，北风和南风相约看谁能先把行人身上的大衣脱掉。北风先来了一股寒冷刺骨的大风，结果行人不仅没有脱掉大衣，反而把大衣裹得更紧了。接下来是南风，南风吹出了温暖和煦的风，行人立刻觉得浑身发热，就解开纽扣，后来随着南风越来越暖和，行人便脱掉了大衣，最终南风获得了胜利。

这则寓言故事充分说明了一个道理：温暖的言行远远比冷漠的言行更容易打动人心。我们常常听到这样一句俗语：“良言一句三冬暖，恶语伤人六月寒。”在人际交往中，懂得尊重和关心他人的人，往往会让人觉得温暖，更能体会到人情味。人们都喜欢和能让自己感觉到温暖的人相处，即使这个人的相貌非常丑陋。

《庄子》中记载了这样一个故事。鲁国有个叫哀骀它的人，相貌虽然十分丑陋，但却很吸引人。相传，只要和哀骀它待过一段时间的男人，就会被哀骀它的德行所吸引而不想离开他；只要和哀骀它待过一段时间的女人，回家之后就会对父母说：“与为人妻，宁为夫子妾。”哀骀它虽然相貌很丑陋，但却因为给人以如沐春风的感觉而充满了魅力，让人产生亲近之感。

心理学家马利亚阿纳·林德曼曾经说过，想要让他人对你信服，就必须得让人感觉到温暖，让对方心里感到慰藉，这样才能让他人在不知不觉中接受你。

日本松下公司就是一个十分善于运用南风法则的企业，不仅让员工从公司文化中感受到尊重和安全感，还会处处考虑员工的利益。

1930 年年初，世界经济不景气，日本的经济受到了严重的影响，绝大多数的公司都选择用裁员、降低工资、减产等方式来避免破产。这样一来，许多人都面临着失业，生活也将毫无保障。

松下公司也面临着销售额锐减和产品积压如山、资金周转不灵的局面。有的管理者提出裁员的建议，被松下幸之助拒绝了。最后松下幸之助采取了一个与其他公司完全不同的做法：不裁员，且工人们每天只需要上半天班就可以，工资还按全天支付，但是，所有员工在闲暇时要去推销库存的商品。

员工们都深知松下幸之助的良苦用心，开始想尽一切办法去推销商品。就这样，在全体员工的努力下，仓库里积压的商品在不到三个月的时间内全部被销售一空，而松下公司也因此避免了破产的风险。

此后，每当松下公司遭遇危机时，员工们都会和公司一起努力，因为在他们的心中，公司就是家一般的存在，而松下幸之助也因此得到了员工们的一致好评。

在第二次世界大战结束后，日本的经济陷入了危机，松下公司的经营再次变得困难起来。就在松下幸之助焦头烂额之际，美军作为占领军又出台了一项政令，即要惩罚曾经支持战争的财阀，在这份长长的财阀名单上，就有松下幸之助的名字。这意味着，松下公司很可能就要从此消失了。

但令人意外的局面出现了，松下公司的所有员工自发地组织起来，掀起了一场解除惩罚松下财阀的请愿活动。这让占领军当局十分吃惊，毕竟员工起来维护企业的事还是首次出现。最终，占领军当局解除了对松下财阀的惩罚，松下幸之助以及松下公司再次绝处逢生。

松下公司能屡次创造奇迹，与松下幸之助的经营管理方式是分不开的。在许多员工的心里，松下幸之助简直就是最亲民、最有魅力的老板，因为他总是站在员工的立场去考虑问题。

在人际交往中，如果我们运用南风法则设身处地站在对方的立场上去考虑问题，那么对方就会对你敞开心扉，甚至会为你改变想法或行为。一个人最容易在舒适的状态下接受他人的暗示，如果一个人总是用严厉的语气去与他人交流，那么势必会使对方产生不舒服的感受，甚至会有抵触的心理。这时，如果你想暗示对方，让对方接受你的想法，就会变得难上加难了。尤其是当一个人出现错误的时候，最好不要使用批评的方式，这样很难达到你想要的效果。如果在这时使用南风法则，那么对方就容易因为这份温暖而对你心存感激，从而主动改正错误。例如，我们常常听到的戴罪立功，其实就是如此。

人微言轻，人贵言重

约书亚·贝尔是美国著名的小提琴家，他还曾获得过格莱美大奖，人们想要听他演奏曲子，必须得掏钱买演奏会的门票，而且大多数时候是一票难求。一天，贝尔突然想出了一个别出心裁的主意，他把自己打扮成一个落魄流浪汉的模样，然后带着他那把1713年制造、市场估价约值350万美元的小提琴来到了华盛顿地铁站，开始了街头表演。

贝尔演奏得十分投入，当时也正值人流高峰期，但贝尔很快就演奏不下去了，虽然从他身边经过了许多人，但却很少有人对他所演奏的曲子感兴趣，大多数人只是听了几秒钟后就匆匆离开了，要知道贝尔所演奏的都是古典名曲。最让贝尔沮丧的是，居然没有人认出他来，他可是经常在电视、杂志上出现的天才演奏家。在贝尔的街头表演快要结束时，一位女士终于认出了他，并赞赏了他一番。

这场长达48分钟的街头表演一共给贝尔带来了32.17美元的收入。要知道，贝尔的演奏会门票至少要100美元一张，他每次演出的酬金平均每分钟高达1000美元。可就是这样一位著名的演奏家，居然在街头表演时几乎没有得到任何的赏识。为什么会出现这样令人奇怪的现象？是不是因为贝尔的演奏技术根本就不怎么样？这其实是所有人都会出现的心理误区，被称为“权威暗示效应”。

所谓权威暗示效应，就是指如果说话的人具有影响力（这种影响力往往与他的社会地位有关），那么他所说的话就很容易引起别人的重视，并且相信他所说的话是正确的，即“人贵言重”。相反，如果一个人的社会影响力是微不足道的，那么就会出现“人微言轻”的现象。

贝尔的身份是著名的小提琴演奏家，这就意味着他在小提琴演奏领域中具有权威性，因此当他举办演奏会的时候，人们会出高价钱买票，然后穿着礼服坐在音乐厅里听他演奏，这是对艺术家的一种崇拜。当贝尔打扮成流浪汉的样子，那么他所具有的权威性就不存在了，也就不再有影响力了，即使他长得很像贝尔，人们也不会相信他就是贝尔，认为他只是个街头卖艺的而已。而且在许多人看来，演奏家就应该属于富丽堂皇的音乐厅，那些街头卖艺的人都只是不入流的艺人。

人们之所以会受到权威暗示效应的影响，是因为权威这个身份往往意味着标准，只要服从了，就给自己上了一层不会出错的保险。再加上，绝大多数人都信奉权威，如果自己和权威叫板，那么就相当于和绝大多数人作对，会被周围的人指责。相反，如果信奉权威，就会和绝大多数人保持一致，还会得到来自各方面的称赞或奖励。

美国心理学家所进行的一项实验充分说明了权威暗示效应的作用。某一天，某大学心理学系的学生们正在上课，这时老师向他们介绍了一位从外校聘请来的德语老师，并告诉学生们这位德语老师是从德国来的著名化学家。

接下来，化学家就郑重地拿出了一个装着蒸馏水的瓶子，并告诉学生们这是他刚刚发现的一种新型化学物质，有些气味。然后化学家就请闻到气味的学生举手，大多数学生都举手示意。这个结果显然出人意料，毕竟蒸馏水是没有气味的。举手的学生之所以能闻到某种味道，是因为在他们看来，这位化学家就是权威，权威说的话就是对的，于是在这种暗示下，许多学生都闻到了“化学物质”的味道。

权威暗示效应在现实生活中十分常见，例如广告代言人。广告商在选择广告代言人时，一般都会选择有名气且形象良好的人，这样往往能促进商品的销售。现在的牙膏广告中，代言人经常会以医生的形象出现，这是因为在许多消费者的心中，医生代表着权威和专业，那么这种牙膏一定是能起到保护牙齿、呵护牙龈的作用的。其实在广告中那些穿着白大褂的人未必是医生，但这对广告商来说并不重要，只要能取得营销的效果就可以了。

如果一个人是权威人士，那么他在许多人的心目中一定是有影响力并具有魅力的。在人际交往中，如果我们想让他人对某件事或某个人改变态度和行为，那么最有效的方式就是利用权威暗示效应。虽然不是每个人都是权威式的人物，但对于一个普通人来说，仍然可以利用权威暗示效应，让他人感觉你是权威的，然后相信你的话，从而产生影响力。

浙江某小企业在当地小有名气，为了扩大市场，该企业就决定在各省招募代理商。刚开始，许多代理商对这个小企业并不信任。负责人为了赢得代理商的信任就对他们说："我们的企业虽然小，但却得到了许多商界人士的青睐。上次，我带着我们企业的产品去参加了香港展销会，会上许多人都对我们的产品称赞不已，就连李嘉诚也很看好我们的企业。"许多代理商一听李嘉诚的名字，态度纷纷有了好转。之所以会这样，是因为李嘉诚在许多人的心目中就是商业领域的权威人士，既然李嘉诚都很看好这个小企业的发展，那么该企业很可能有前途。

在利用权威暗示效应时，我们可以通过借用某位权威人士的名头来达到自己想要的效果。例如，当你劝一个人要保持健康的作息时间时，就可以借用健康专家这个名头，毕竟健康专家在这方面更有话语权。这一点，中国南北朝时期的刘勰就做得不错。

刘勰在写完《文心雕龙》后，本以为自己这部呕心沥血之作会广为流传，但没想到却无人问津。为此刘勰就想出一个好办法，让当时著名的文学家沈约为自己的作品做宣传，他想让沈约审阅自己的作品，但沈约根本不予理睬。后来，刘勰就只能装扮成读书人的样子，将《文心雕龙》送给沈约。沈约看完《文心雕龙》后，给出了十分高的评价，从此之后《文心雕龙》广为流传，最终成了经典名著。

Part8

暗示与记忆
——灵魂黑客植入虚假记忆

我们的记忆并不可靠。心理学家认为，人的记忆并不会随时随地忠诚于它的主人。在一些特定的情景下，人会受到外界的暗示，从而使记忆被扭曲或更改，而且当事人不会认为自己的记忆出现了偏差。

在迪士尼遇到兔八哥

2002年，哈佛商学院的凯瑟琳·布劳恩和同事们进行了一个植入童年虚假记忆的实验。布劳恩选择以去迪士尼乐园游玩作为材料，因为这是北美孩子共有的童年记忆。在实验过程中，参与者会被随机地分成三组，然后被安排阅读不同的材料。其中第一组参与者所阅读的材料是，他们在童年时期去迪士尼乐园游玩时曾和米老鼠握了手；第二组参与者所阅读的材料和第一组参与者基本相似，只是他们握手的对象变成了兔八哥。这其实是一种暗示，在利用暗示的方式让参与者的记忆发生改变。而第三组则作为对照组，不会被刻意地暗示。

实验结果显示，第三组参与者会否认自己曾与米老鼠与兔八哥的卡通形象握过手，第一组参与者确信自己曾和米老鼠握过手，第二组参与者确信自己与兔八哥握过手。这说明，布劳恩的暗示起了一定的作用。但第一组实验的结果无法证明布劳恩植入的到底是不是虚假记忆，因为米老鼠是迪士尼乐园里常见的卡通形象，也是创始人华特·迪士尼的成名作。也就是说，第一组参与者在童年时期可能真的与米老鼠握过手。

不过，第二组参与者的情况却可以证明布劳恩成功了，她成功地通过暗示的方式向参与者植入了一段虚假的记忆。因为兔八哥这个卡通形象是华纳兄弟电影公司所塑造出来的角色，是根本不可能出现在迪士尼乐园里的。

当然，这只是生活中随时可能发生的一件小事，许多人也不会注意这种和卡通人物握手的小事情，因此想要往人的大脑中植入这样一段虚假记忆是比较容易的。但如果是更为重要的事情，还能通过暗示的手段植入一段虚假的记忆吗？心理学家戴伦·斯特兰奇为了寻找问题的答案，组织实施了一项实验。

实验的参与者都是一些 6 岁和 10 岁的孩子。实验开始后，斯特兰奇会安排孩子们看四张照片，其中两张照片与孩子们的生活经历有关，展现的是他们生活中的真实经历；另外两张照片上的经历则是虚假的。在这两张伪造的照片中，其中一张是比较可能发生的，即乘坐热气球；另一张照片上的场景是不可能发生的，即和查尔斯王子一起喝下午茶。

实验结果证明，斯特兰奇成功地向大多数孩子的大脑中植入了一段虚假记忆，有不少孩子都相信自己曾和查尔斯王子一起喝过下午茶，有的孩子甚至能详细地描述出这段经历的细节。不过不同年龄的孩子受这段虚假记忆的影响程度不同，6 岁孩子中的 31% 被成功植入虚假记忆，10 岁孩子中的 10% 被成功植入虚假记忆。这就是说，年龄越小的孩子越容易因为外界的影响而改变记忆。这是因为人的年龄越小，越容易受到暗示的影响。也就是说，儿童更容易受到暗示的影响，并在暗示下被植入虚假记忆。

2004 年，一个名叫杰拉德·阿米洛特的男人从马萨诸塞州的惩戒中心被假释出来，他所犯下的罪行直到如今也没有一个定论，他被指控猥亵罪，但却缺少证据，所有的证据都只是孩子们的指控。尽管杰拉德否认所有的指控，但依旧被判决为有罪，最后法庭定罪的依据依然只是孩子们的证词。

杰拉德的案件起因还要从 1984 年说起，那个时候他和母亲、姐姐还只是一个日托中心的员工，孩子都喜欢叫杰拉德的昵称“图奇”，在他所照顾的孩子中有一个名叫穆雷·凯西的小男孩。

在某个夏天，4 岁半的凯西出现了许多异常的行为，他开始频繁地尿床，这让他的母亲十分苦恼。后来，母亲就发现凯西连话都不能好好说了，开始像他 16 个月的弟弟一样咿咿呀呀地说话。凯西的种种异常行为虽然让母亲觉得很奇怪，但并未引起重视，直到母亲发现凯西和自己的表妹玩具有性暗示的游戏，母亲才开始怀疑凯西是不是遭遇了什么可怕的经历。

一天晚上，凯西又尿床了，母亲在给他收拾床铺的时候，凯西不知怎么的，开始大哭起来。这让母亲更加怀疑凯西是不是真的遭遇了什么。凯西的母亲有一个弟弟，她弟弟小时候曾被猥亵过。为此，母亲把弟弟叫来，让他和凯西好好谈谈，看看是否能发现什么线索。

舅舅在和凯西聊天的时候，提到了自己曾被猥亵的经历，还对凯西说，如果有人试图脱掉他的衣服或者让他做任何不愿做的事情，他都应该说出来。听到舅舅这样说，凯西思考了一会儿，然后对舅舅说，有一天我被图奇（杰拉德）带到了一个房间里，他把我的裤子脱掉了。

后来，凯西的妈妈就给社会服务管理局热线打电话，说她的儿子被日托中心的员工猥亵了。很快，警察便开始进行调查。警察从日托中心和杰拉德那里了解到，那天杰拉德之所以会把凯西带到一个房间并脱下裤子，是因为凯西尿湿了裤子，杰拉德只是带他换衣服。此外，警察和凯西聊了一会儿，但凯西根本说不清楚自己哪个地方曾被人猥亵过，也不记得图奇除了脱他的裤子外还做了些什么。不过，很快杰拉德就被逮捕了。

事件还未结束，因为警方开始怀疑日托中心的其他孩子也遭遇了猥亵。于是警察就开始询问日托中心的孩子们，但基本上所有的孩子都说什么事情也没有发生过。随后，警方便将日托中心所有孩子们的父母召集在一起开会。父母们在听到有孩子曾遭遇过猥亵的消息后，立刻炸开了锅，纷纷开始担心起自己的孩子来。这时，社工们给父母们发了一张单子，上面写着孩子在遭遇性侵或猥亵后可能会出现的异常行为，例如尿床、梦魇、食欲不振或在上学的路上大哭。最后，警察告诉父母们，如果自己的孩子出现了上述症状，一定要报警。

结果，在会议结束后不久，警方就接到了电话，有父母表示自己的孩子出现了异常行为。这时，警察就会对这些父母说，应该持续不断地向孩子询问是否遭遇过性侵，即使孩子不承认，父母也不能马上相信。这其实也算是一种暗示。

随着越来越多的孩子承认自己曾遭遇过性侵，警方便为他们安排了一名儿科护士苏珊·凯利，让苏珊采访孩子们。苏珊是个十分关注儿童性侵案件的护士，还曾发表过许多和儿童性侵有关的文章。

苏珊给孩子们安排了一个安全舒适的环境，并为他们准备了一些和人很相似的玩偶。在苏珊的鼓励和引导下，孩子们开始陆续说出自己曾被性侵的经历，有的孩子甚至还加入了想象的元素，例如说自己曾被龙虾猥亵过。更夸张的是，其中一个 4 岁的女孩说，她曾被人用一把 30 厘米长的剔肉刀插入了下体。

这些孩子们的证词在许多年后看来，都存在着很多疑点，但当时没有人怀疑过，许多人认为孩子们那些看起来荒诞的描述其实是因为他们根本不懂何为性侵。至于那个 4 岁女孩的夸张证词也没有被人怀疑过，如果女孩说的情况是真实的，那么她的身上应该会留下伤痕，但当时的检查结果是，没有任何孩子身上有可疑的外伤。

在多年以后，复查该案的调查员们在观察录像时，才发现警察和心理专家在整个采访的过程中都起到了暗示引导的作用。起初，孩子们对是否被性侵过是持否认的态度，但在警察和心理专家的一次次提问和用玩偶鼓励下，最后孩子便给出了曾被性侵过的答案。

杰拉德的案件很可能永远都说不清了，不管孩子们在庭审时所做的证词到底是不是真实的，有一点是可以确认的，即在整个审问的过程中，不论是警察还是心理专家都采取了具有高度诱导性的提问方式。最关键的是，孩子们的年龄都很小，大都只有 4 岁左右。这是最容易被暗示的年龄，再加上周围环境和成人的高度引导和暗示，孩子们极有可能会产生虚假记忆。

记忆真的可靠吗?

1984 年 7 月 28 日的夜晚，美国北卡罗来纳州伯灵顿的一名大学生——22 岁的珍妮弗 · 汤普森正在睡觉，在深夜时分，珍妮弗迷迷糊糊之际感觉似乎有陌生人进来，珍妮弗一下子被惊醒了。

这时，有一个男人正用刀子抵着珍妮弗的脖子并且恶狠狠地说：“不许喊叫，不然我就杀了你！”珍妮弗吓坏了：“求求你不要伤害我，你可以拿走我的信用卡、钱包还有房间里的任何东西。我的车钥匙就放在桌子上，你还可以开走我的车，只要你不伤害我。”谁知男子却说：“我不要你的钱，我对钱没有兴趣，而且我也不缺钱。”

男子的这句话立刻让珍妮弗明白了自己的处境，她很可能会遭到强奸。珍妮弗预料的没有错，她深知自己在劫难逃，就只能努力记住这名男子的长相，她决定在获得自由后去报案，让警察根据她对这名男子相貌的细致描绘，尽快抓住他。

半个小时后，珍妮弗看到男子放松了警惕，就主动提出要为他倒一杯水。男子同意后，珍妮弗快速地离开了房间，然后从后门逃走了。成功逃脱男子的控制后，珍妮弗第一时间向警方报了案。

很快，警方就按照珍妮弗的细致描述画出了一幅罪犯的画像。警方又根据其他线索，最终把强奸珍妮弗的嫌疑人锁定为一个名叫罗纳德·科顿的年轻男子。

科顿不仅有过入室实施性侵的犯罪记录，而且在珍妮弗遭遇强奸的当晚，他正好在案发地点附近的餐馆工作。这样，科顿的犯罪嫌疑就更大了。

在强奸案发生 3 天之后，警方让受害人珍妮弗辨认照片。一名警察将 6 名嫌疑人的照片摆在了珍妮弗的面前，并对她说："根据您的描述，我们已经把犯罪嫌疑人缩小到这 6 个人身上，希望您能从中辨认出真正的罪犯。"

接下来，珍妮弗便开始仔细辨认，她的面部表情非常认真，但也很疑惑。大约 5 分钟后，珍妮弗拿起了罗纳德·科顿的照片并对警察说："这就是那个坏蛋。"有了珍妮弗的指认，再加上警方所掌握的一些线索，科顿就成了这起强奸案的主要犯罪嫌疑人。

几天后，科顿被请进了警察局。在随后的审讯中，科顿的紧张引起了警察的怀疑："你在紧张什么？"科顿掩饰道："不，我没有紧张。我只是想知道最近到底发生了什么？我并没有做什么出格的事情啊。"科顿的这些表现加重了警方对他的怀疑。

由于科顿坚决否认这起强奸案与他有关，警方只好再次安排珍妮弗进行辨认。这一次，科顿和其他犯罪嫌疑人站在一起，然后珍妮弗需要从中找出真正的罪犯。在整个辨认的过程中，科顿显得很紧张。后来，科顿重获自由后回忆道："当我站在真人辨认的队伍里时十分紧张，我也不知道为什么，就是紧张。我甚至可以感觉到自己的双腿在不由自主地颤抖。"

最终，珍妮弗将目光锁定在了科顿和另一名男子身上，并对警方提出了一个要求："能让四号和五号（科顿）再重复一遍刚才的动作吗？我觉得那个混蛋不是四号就是五号。"在两个犯罪嫌疑人重复完动作后，珍妮弗用十分肯定的语气对警察说："没错，我可以肯定就是五号，他一定是那个混蛋。"其实，珍妮弗内心也不是十分肯定。事后，有人对珍妮弗说："那个五号就是你之前从照片中辨认出的那个人。"珍妮弗听后暗暗松了一口气，她对自己说："没错，我选对了，他就是那个人。"

接下来就是庭审了，科顿被指控为强奸罪。在长达一个星期的庭审中，虽然科顿不停地向陪审团证明自己的清白，但却有越来越多的意外证据指向了科顿。作为受害者的珍妮弗又为警方提供了那名强奸犯的衣着特征。而巧合的是在案发当天，科顿也穿了类似的衣服。

警方在对案发现场进行搜查的时候，发现了一个重要证据，这是一件从强奸犯的衣服上掉下来的物品，而这也和科顿的衣物相吻合。

在宣布判决结果的当天，陪审团经过了长达 40 分钟的讨论，最后一致认为科顿有罪。最终，科顿被判处终身监禁。不久之后，科顿就戴着手铐和脚镣，被送到了北卡罗来纳中心监狱服刑。

进入监狱后，科顿并未放弃为自己洗刷冤屈，他一直不停地申诉。就在科顿被关进监狱的第十一年，他意外得知了一种新的技术，即 DNA 检测。于是，科顿就给他的律师法学教授里奇·罗森写信，希望他能帮助自己申请到一个做 DNA 检测的机会。

科顿的申诉获得了批准，伯灵顿的警方取出了尘封多年的证据，其中一份证据中有精子遗留，上面有完整的 DNA。检测结果表明，科顿是被冤枉的，真正的强奸犯另有其人。

据有关调查发现，有许多人都像科顿一样，利用 DNA 技术为自己洗刷了冤屈，这些人大多数都被指控为性犯罪或谋杀。此外，犯罪学家通过研究还发现，这些人当中有 75% 的人之所以会含冤入狱，都是因为受到了证人的错误指认。

在辨认人脸方面，每个人的辨认能力都是不同的。有的人能轻易地记住一个人的面部特征，并且能准确辨认出来，但有的人在这方面的能力却十分欠缺，比如我们常常说的“脸盲症”。

在一些案件中，证人的指认十分重要。当一个证人在描述一个人的相貌时，往往很容易采用不确定的语句。可这不是警方想要的，警方想要的是准确而肯定的辨认，模棱两可的指认是不能作为证据的。可在这个确定的过程中，证人很有可能会因过分自信，而使记忆出现偏差。

人们总是认为自己的记忆是可靠的，对自己的记忆确信不疑，认为自己在清醒状态下所经历的一切都会准确地记录在自己的脑海里，从不会觉得自己的记忆可能会出现错误或扭曲。就好像上述案件中的受害者珍妮弗一样，她自认为既然伤害无法避免，那么就牢牢记住那个混蛋的脸，记住他相貌的每一个特征，这样将来可以向警方指认他，然后将他送进监狱，让他受到应有的惩罚。

可实际上，

2013 年，马修 · 帕尔默及其助手进行了一项和人脸辨别有关的实验。帕尔默让助手们两两一组走在街上。其中一名助手 A 在街上寻找愿意参加实验的陌生人，另一名助手 B 则先躲起来。如果有人愿意参加实验，那么 A 就会暗示 B 出现，A 会要求参与者仔细观察 B，直到 B 走出参与者的视线。

接下来便是测试了，参与者需要从一些照片中辨认出 B 来，还需要给自己答案的确认度打分。第一组参与者会马上接受测试，第二组参与者则在一周以后接受测试。

测试结果显示，第一组参与者辨认的准确率能达到 60%，而第二组参与者辨认的准确率只有 54%。这个结果说明，我们的记忆力在辨别人脸时并非我们想象中的那么准确，有将近一半的人都出现了错误。

之后，帕尔默便对实验进行了简单的调整，让人脸辨别的难度增加，大大缩短参与者观察助手的时间，在观察期间还会刻意分散参与者的注意力。这就意味着，参与者辨认成功的概率会降低，那么参与者对自己答案的确认度会有变化吗？是更高还是更低？

结果显示，虽然测验难度加大了，错误率升高了，但参与者对自己给出答案的确认度却提高了。也就是说，参与者对自己的记忆产生了高度的自信。

这个实验说明人的记忆不仅准确率有待考证，而且人总是对自己的记忆过度自信。在上述案例中，负责调查该案件的警察在科顿被释放后提出，珍妮弗在辨认犯罪嫌疑人的照片时十分认真，足足看了有 5 分钟的时间。但心理学家韦尔斯却提出了不同的观点：“即使这样，也不能证明在这 5 分钟的时间里，珍妮弗都在辨认犯罪嫌疑人。一个人的再认记忆是非常短暂的，只需要 10 秒或 15 秒钟的时间就能完成。也就是说，珍妮弗在辨认犯罪嫌疑人的面孔时很快就做出了决定，认定了罪犯就是科顿，而剩下的时间只是在确认和强化自己认定科顿就是那个侵犯她的人。”

婴幼儿时期的记忆

小张在回忆自己小时候的事情时，与许多人都不一样，他能想起自己几个月大时的场景。小张记得那个时候父母很忙，将他寄养在别人家里，但那家人却并没有好好照顾小张，每天只会喂小张吃酸菜面。一旦喂完面，就将小张放到婴儿车里，让他自己一个人玩耍。小张清楚地记得，他一个人在婴儿车里很无聊，不能出去，又没有人陪他玩。每当有人经过婴儿车时，还是婴儿的小张都会高兴地喊叫，期望能引起他们的注意，让他们陪他玩。而且，小张还记得那家人有个女儿，具体长什么样子，就不大记得了。

许多人都有这样的体验，不记得自己婴幼儿时期发生的事情，好像那段记忆就是空白的。也有很多人表示，自己清楚地记得婴儿时期发生的一些事情。例如，有的人声称自己在婴幼儿时期曾想偷偷爬下床，但却被卡在了床栏杆上；有的人甚至表示还记得照看他的保姆的样子；更有甚者会向他人分享自己出生前的体验，也就是在母亲子宫里的体验，这就显得很离谱了。

其实，我们是不会有婴幼儿时期的记忆的。为什么一个人不会有自己婴幼儿时期的记忆呢？这是因为婴幼儿的大脑还没有发育出能够储存长时间记忆的功能，也就是说大脑器官还没有发育完整。如果一个人说自己记得出生前或婴幼儿时期的记忆，那么就好像一个没腿的人说自己能跑马拉松一样。尽管如此，还是有很多人相信并确定自己真的拥有婴幼儿时期的记忆。为什么会出现这种情况呢？

这是因为我们能够被轻易植入虚假的童年记忆。西华盛顿大学的教授艾勒·海曼和乔尔·彭特兰曾经专门设计了一个相关的实验。

这项实验的参与者都是成年人，实验组织者会告诉他们这是一项与回忆婴幼儿时期经历有关的实验。其实在实验进行前，实验组织者已经从参与者的父母那里了解了他们童年时期的一些经历以及相关细节。

在参与者回忆自己的童年经历时，实验组织者会趁机对其进行记忆植入，即告诉参与者："在你 5 岁的时候，你曾和父母一起参加了一场婚礼。在婚宴上，你和其他的孩子玩得很开心，到处跑来跑去的，还不小心打翻了桌子上的酒，酒洒在了新娘父母的身上。"

这是一个十分常见而且很容易出现在我们童年时期的场景，许多人都有被父母带去参加婚礼的经历。此外，婚礼的场景也很容易想象，毕竟大多数人的婚礼都很相似。例如，大家都身着盛装参加婚礼，尤其是新人的父母会打扮得尤其隆重，而且在婚礼结束后，都会有婚宴，酒则是婚宴上必不可少的存在。

实验组织者在暗示完毕后，会让参与者闭上眼睛想象这样的场景，然后参与者就可以回家了。在一个星期后参与者再次回到实验室，重复相同的实验过程。三个星期后，实验组织者便开始验收实验结果。

实验结果显示，有 25% 的参与者被实验组织者成功地植入了虚假记忆，即相信了实验组织者所暗示的那段记忆。还有 12.5% 的参与者相信自己小时候曾随父母一起参加过婚礼，但却拒绝接受打翻酒的这个记忆场景。

一个人之所以会有婴幼儿时期的记忆，是因为在现实生活中遇到了类似上述实验的暗示。在暗示的基础上再加上一些场景想象，脑海中有婴幼儿时期的记忆就不足为怪了。例如，我们可以从父母口中知道自己婴幼儿时期发生的事情，或者是通过一些老照片得知。

这些生活中的种种暗示就好像是记忆碎片一样，我们在接受了这些记忆碎片后，会自动进行“脑补”，于是记忆碎片就变成了连贯的记忆，甚至还包含一些后来加入的细节。

在一项相关的研究中，研究者为了测验 11 岁的孩子能否记起自己上幼儿园时期的同学，就给他们观看了幼儿园时期同学们的照片。结果大多数孩子都不记得了，而他们此时的年龄还只有 11 岁。

这就意味着，随着年龄的增长，那些曾经朝夕相处的小同学就会被我们渐渐遗忘，直到变成陌生人。之所以会出现这样的现象，与我们婴幼儿时期的记忆力欠缺是分不开的。

在我们的大脑中有一个部位被称为“海马体”，是专门负责长期记忆的。也就是说，没有海马体就没有长期记忆。而海马体在我们刚出生的时候是没有的，直到我们 8 到 9 个月时才开始生长。在海马体生长的过程中，我们的记忆大都是瞬间记忆，维持的时间很短暂。直到我们 5 岁时，才会渐渐形成长期记忆。

除了童年时期，人的大脑会在青春期时再次迎来一个生长的高峰期。而我们的记忆能力也会在青春期达到巅峰的状态。在青春期结束后，人的记忆力就会开始走下坡路。这或许也是我们特别喜欢怀念青春的原因之一。

记忆也从众

2011 年的 8 月 14 日，加拿大的基隆拿市发生了一起枪击案，被枪杀的是当地有名的黑帮组织头目乔纳森 · 贝肯，他是“兄弟贝肯”这个黑帮组织的三名头目之一。“兄弟贝肯”这个黑帮组织不仅背负着多条人命官司，还从事着毒品等许多非法交易。这起枪击案在当地可是个大新闻，引起了不小的轰动，也是当地人茶余饭后的谈资。

这起枪击案的目击者有很多，许多人对所见到的场景的描述都不一样。也就是说，枪击案是同一件，但大家关于枪击案的记忆却各不相同。随着时间的推移，当地人在描述贝肯枪击案时，却呈现出了一致的情况，即大家有关贝肯枪击案的记忆都相同了。这说明人的记忆也具有从众性。也就是说，当地人有关贝肯枪击案的记忆都是相互影响的，最后达成了一致。

为了证明人的记忆是会相互影响并且存在从众现象，相关研究者专门设计了一项实验。在实验中，实验组织者会让两组参与者分别观看一段只有 90 秒的视频。这段视频的主人公都是同一个人，地点都是在图书馆，但却是从不同的角度展现的。

第一组参与者看到的场景是这样的：一个女孩走进了一个空荡荡的图书馆，她手中拿着一本书，好像是准备还书。后来，女孩便准备离开图书馆。在离开前，还顺手把一张便签扔到了垃圾桶里。第二组参与者看到的是这样的场景：一个女孩走进了空无一人的图书馆，她看了看手表上的时间，在准备离开前顺手从桌上的一个钱包里抽出了一张纸币，然后放进自己的口袋里。

在观看完视频后，实验组织者会从两组参与者中各抽出一半，然后让他们两两组合在一起填写一份调查问卷，剩下的另一半参与者则需要单独填写一份调查问卷。实验者的这个安排，就是为了看看两两组合在一起是否会对双方的记忆产生影响。结果如同实验者所预料的那样，在两两组合的参与者中，即使第一组参与者并未看到女孩偷钱的行为，但因为受到另一个人的影响，会在描述视频内容时，加入女孩偷钱的内容，而独立完成调查问卷的参与者则不会出现这种情况，只会描述出自己在视频中看到的情景。

在我们的现实生活中，没有人是可以独自生活而不与他人进行交流的。在人与人的交往中，人们往往会将自己的某段经历分享给对方，于是记忆的感染就发生了。在一项调查研究中，研究者发现有将近一半的参与者表示会把别人的记忆当作自己的记忆，起初他们还能分清楚哪个是自己的真实经历，哪个只是自己听来的。随着时间的推移，再加上描述次数的增加，许多人开始渐渐分不清楚，哪段记忆是自己的真实经历，哪段记忆只是自己从别人那里听来的。

每当我们在听他人描述的某段经历时，如果恰巧自己也有类似的经历，那么在倾听的过程中，我们的记忆会扭曲、重新进行组合，从而产生新的记忆。例如，上述贝肯枪击案中，如果一个人关于这起案件的记忆只是听到了枪响，那么当他听到别人说“我看到有两个人在一个大酒店外面拿着枪向一辆汽车进行射击”，他的记忆会加入射击场景，尽管他只是听到了枪响。随着时间的推移，当有外地人向他询问当时枪击案发生的状况时，这个只听到枪响的人，一定会向对方绘声绘色地描述射击的场景，就好像他亲眼看到了一样。总之，我们的记忆不仅很容易在他人的影响下产生新的记忆，还很容易出现混淆的状态，即当事人也不知道自己记忆中的某个事件到底是自己的真实经历，还是只是道听途说。

我们的记忆与处理信息的能力有着密切的关系。我们的大脑每天都会从外界接收各种各样的信息，如果我们的大脑不对这些信息进行处理，而是全盘接受，那么大脑一定会被这些数量庞大的信息弄到崩溃或爆炸。通常情况下，能引起我们注意力的信息才会进入我们的记忆之中。这就好像一个在背诵课文的学生，如果他不把注意力集中在课文上，那么他是不可能让课文的内容进入他的记忆之中的。但作为一个社会性动物，人在处理信息时会或多或少受到周围人的影响，甚至会因为周围人的压力，而改变自己的观点。

1952年，美国心理学家所罗门·阿希设计并进行了一项实验，这是社会心理学领域一项十分著名的实验，证明了从众现象的存在。阿希设计这项实验，就是为了研究人们会在多大程度上因为他人的影响，而改变自己的决定，遵从错误的判断。

阿希的实验的参与者是大学生，她告诉参与者这个实验的目的是用来研究人的视觉能力的。然后，每个参与者会被安排进入不同的房间里，每个房间里已经有5个人先坐在那里了，参与者进去后就只能坐到第六个位置上。那5个所谓的参与者，其实是阿希的实验助手，这也是实验设计的重要部分。

随后，阿希会给参与者两张分别画着不同长度的竖线的图片，让所有人做一个判断，即比较线段的长度，看看哪条线最长。这是一个很容易做出的判断，因为长短差异是那么明显。不过那5个“卧底”会故意说出一个错误的答案。起初，参与者还能坚持正确的答案，当实验进行了两次后，参与者开始出现动摇，他开始怀疑自己的判断，有的参与者甚至会遵从错误的判断。实验结果显示，平均有33%的人的判断是从众的，而有76%的人至少做了一次从众的判断。这是一种很罕见的现象，因为在正常情况下人们出错的可能性还不足1%。

实验之所以会出现这样的从众现象，与参与者所面对的其他5个人给予的压力分不开。在现实生活中，有些从众现象也的确是受社会压力影响的结果。

在之后的实验中，阿希做出了一些细微的变动。他让其中的一个“卧底”在实验开始的时候给出正确的答案。在这样的情况下，参与者就不再是孤身一人坚持正确的答案了，他会有一个同盟者，而这个同盟者会给他提供一定的支持，这在心理上有助于参与者抵抗压力。实验结果显示，只有 5% 的参与者选择了从众，即放弃正确的答案。

从众现象的发生，不仅仅是因为周围人的压力，还因为很多人相信别人的意见的确是正确的，尤其是持这种意见的人越来越多时，这在记忆方面表现得尤为明显。有的人不相信自己的记忆，认为别人的记性就是比自己好，这样的人更容易因为他人的描述而改变自己的记忆内容。当一个人处于某个群体事件中时，这种记忆的从众现象就更有可能发生了，从而在群体的暗示下产生虚假甚至是错误的记忆。

一不小心就被洗脑了

华盛顿大学的伊丽莎白·罗夫斯特曾进行过一项和记忆有关的实验。这项实验所得出的结论对记忆理论影响非常大，甚至还影响到司法领域，毕竟在许多案件中，证人的证词总是十分重要的。

罗夫斯特为这项实验安排了一个小视频，这个视频的内容很简单，说的是有一个司机开车撞上了停车路标，然后冲进了车流之中，并引发了 5 辆汽车的追尾。整段视频一共只有一分钟的时间，而从司机撞上停车路标直到汽车追尾，这个过程只持续了短短的 4 秒钟。

罗夫斯特找来 150 名学生作为参与者，然后让他们观看这段视频。观看完毕后，参与者被分成两组参与调查问卷的填写。其中第一组参与者的第一个问题是："汽车 A（撞上停车路标的汽车）闯过停车路标时的速度有多快？"第二组参与者所面临的第一个问题是："汽车 A 右转弯时的速度有多快？"接下来的问题无关紧要，最后一个问题才是最重要的，两组参与者面临的最后一个问题都一样："汽车 A 前面是否有停车路标？"

罗夫斯特在统计了最后一个问题的回答后，发现第一组参与者有 53% 的人说在视频中看到了停车路标，但第二组参与者却只有 35% 的人说在视频中看到了停车路标。所有的参与者都是一起观看视频的，为什么会出现这样的情况？这与罗夫斯特所设计的调查问卷的第一个问题有关。

第一组参与者的第一个问题中提到了停车路标，而第二组参与者的第一个问题中没有提到停车路标。也就是说，调查问卷的问题实际上对参与者起到了暗示的作用，从而使参与者的记忆发生改变了。

在实验的第二阶段，罗夫斯特准备测试一下参与者的延迟记忆，于是就为参与者安排了一段只有三分钟的视频。视频的名字叫作“学生革命日记”，视频的内容是一个班级的学生莫名其妙地受到了 8 名示威者的破坏。

看完视频后，参与者会被安排填写调查问卷。其中第一组参与者所面对的问题中有这样一个问题：“进入教室的 4 名示威者领头的是男性吗？”第二组参与者的问题中有一题则是：“进入教室的 12 名示威者领头的是男性吗？”两组参与者所填写的调查问卷的内容除上述问题外，其他问题都一样。

填完调查问卷后，所有的参与者就离开了，一个星期后继续做调查问卷。这次的调查问卷内容变了，在所有的问题中只有这个问题才是最重要的，即：“你看见几名示威者进入了教室中？”

结果显示，虽然有些参与者回答出了正确的答案，即 8 个示威者，但绝大多数的参与者都受到了第一次调查问卷中问题的影响。其中第一组参与者所回答的人数的平均数是 6.04，第二组参与者所回答的人数的平均数是 8.85。这说明，之前问题中的数字 4 和数字 12 都起到了暗示引导的作用，从而干扰了参与者的记忆。

在实验的第三阶段，参与者被安排观看的视频内容改变了，视频的内容与交通事故有关，而肇事车辆是一辆白色赛车。看完视频后，150 名参与者便被分成两组去完成调查问卷。调查问卷一共由 10 个问题组成，两组参与者的 9 个问题都相同，只有那个不同的问题才是罗夫斯特实验设计的关键所在。

第一组参与者需回答的那个问题是："当白色赛车在乡间道路上行驶，经过谷仓时用了多快的速度？"第二组参与者需回答的那个问题是："当白色赛车在乡间道路上行驶时，用了多快的速度？"罗夫斯特之所以会设计这样的问题，是为了测试目击者是否会在暗示的作用下，将未曾出现的内容加入自己的记忆之中。

在参与者完成调查问卷的一个星期后，会再次填写一份新的调查问卷，问卷中有这样一个关键的问题："你是否在观看视频的时候发现了一个谷仓？"

结果显示，第一组参与者中有 17.3% 的人回答曾看到过谷仓，而第二组参与者中只有 2.7% 的人回答看到了谷仓，也就是只有两个人。这说明，罗夫斯特的那个问题起到了暗示的作用，从而影响到了第一组参与者中 13 个人的记忆。

在实验的第四阶段，罗夫斯特找来了 50 名参与者，并将其分成了三组，然后让他们观看一段只有三分钟的视频。视频的内容与行车记录仪所拍摄到的画面很类似，都是从车内人的视角出发，从车内看向车外。在视频快要结束时意外出现了，这辆汽车撞向了一个由男士推着的婴儿车。

在填写调查问卷时，三组参与者都拿到了包括不同问题的调查问卷。由于第三组是作为控制组存在，所以他们所回答的问题不具备暗示作用。

第一组参与者所拿到的问题都是以直接提问的方式来进行暗示，暗示的内容都是画面中不曾出现的东西。例如："你是否在看视频时看到了一辆旅游车？"在最初回答这样的问题时，绝大多数参与者都会给出否定的答案，但问题却会对他的潜意识产生影响，时隔一个星期后再回答问题，他们就不会这么确定了。事实证明，第一组参与者在一个星期后回答问题时，或多或少都受到了上次直接问题的影响，会错误地将没有出现在视频中的东西当作真实存在过的，而这个比例为 15.6%。

第二组参与者所拿到的问题都是以错误假定的提问方式来进行暗示的，例如这样的问题："视频开始时，旅游车就停在那辆汽车旁边吗？"这样的问题比直接提问更具有暗示性，很容易误导参与者的记忆。在时隔一个星期后，第二组参与者在填写新的调查问卷时，便有许多人都受到了上次错误假定提问的影响，会在记忆中加入不曾看到过的东西，而这个比例为 29.2%。

这一系列与记忆相关的实验说明，人的记忆很容易在暗示的作用下发生改变，对方的一句话，可能就会让你在回忆某事件的时候产生怀疑，甚至是更改自己的记忆。也就是说，当一个人回忆的时候，并不是准确无误地呈现曾经发生的场景，而是在对曾经发生的事情进行重新构架。回忆一次，记忆就会重新调整一次。例如，当一件事情刚刚发生时，你所回忆起的内容是比较接近真实的，但如果在几年后再回忆该事件，你就会发现这次的回忆与上次的回忆有很大的出入。这是因为在这几年的时间内，你在用各种收集到的信息重新构架这段记忆，而这些信息对你的记忆更改所起到的作用就是暗示。

在我们的现实生活中，这种会使人记忆发生更改的暗示可谓是无处不在。也就是说，洗脑在我们的生活中是十分常见的，而且都是在我们不知不觉中发生的。有时候，一个人甚至可以通过暗示的方式对你进行洗脑，比如让你相信你在青春期时曾犯下盗窃罪。

这听起来似乎有些不可思议，但的确会发生。在一个小实验中，实验组织者会告诉参与者："我从你父母那里得知，你在 14 岁时曾因盗窃罪惊动了警察。"此时参与者当然会一口否认，但实验组织者却会持续向参与者提供更多他的人生经历，包括细节在内，然后在这个过程中一点一点提及参与者的犯罪过程。这其实是个暗示的过程，参与者在实验组织者的暗示下会进行想象，虚构自己犯罪的画面。在几个星期后，不少参与者都会接受自己曾经有段犯罪经历的记忆。这时，参与者已经将真实记忆与想象的场景混淆了，也就是说他被成功洗脑了。

Part9

暗示与催眠
——让潜意识苏醒

如果一个人对暗示十分敏感，那么他就能在催眠师的引导下轻易地进入深度催眠状态。总之，不同的人接受暗示的能力是不同的。通常情况下，女性比男性更容易接受暗示，儿童比成年人更容易接受暗示。此外，被催眠者对催眠师的信任也十分重要。通常，催眠师看起来越是具有亲和力，他就越容易将被催眠者引入催眠状态。

古老的催眠

弗朗兹·安东·麦斯麦尔是18世纪后期最早开始研究催眠术的医生。1734年，麦斯麦尔出生于奥地利的苏阿伯地区，他的父亲是一位护林人。在麦斯麦尔小时候，他的父亲曾经固执己见，逼迫麦斯麦尔出家为僧。

遵照父命的麦斯麦尔来到了当地的寺庙，落发为僧。在出家后不久，麦斯麦尔就厌倦了寺庙的生活，他自作主张逃了出来。麦斯麦尔深知自己现在回家一定没好果子吃，就决定去维也纳。麦斯麦尔考入了维也纳的一所大学，开始学习法律，后来又改学医学。

1766年，麦斯麦尔终于在自己的刻苦努力下通过了博士论文答辩。在这篇论文中，麦斯麦尔首先提出了“动物磁性说”的理论。麦斯麦尔认为，星球的运动与人体之间有着十分密切的关系，在宇宙里存在着一种流体，可以侵入人体内，并且充满了天地之间。

麦斯麦尔还对占星术十分着迷，花费了大量的时间和精力来研究占星术。在毕业后，麦斯麦尔便在维也纳开了一家诊所，成了一名医生。

在当时，维也纳有个十分著名的神父麦克斯米伦·海尔，他声称自己可以用神力为信徒治病。这让麦斯麦尔十分好奇，还专程去观看神父治病的全过程。

在昏暗的教堂里，身着黑袍的神父海尔开始为病人进行治疗，他口中念念有词，慢慢地走到患者面前，突然用闪亮的十字架去触碰患者的额头并说道："从现在起，你将会死去，你的呼吸会变得越来越慢，心跳也将会减慢，然后我会为你的身体驱除魔鬼。等驱除完毕后，你就会获得一个全新的生命，健康的身体。"

接下来，神奇的一幕在麦斯麦尔的面前发生了。患者按照海尔神父的指示倒在了地上，身体僵直，好像真的死去了一样。紧接着麦斯麦尔就听到海尔神父对患者说："现在，我已经用神力将依附在你身体上的魔鬼给驱除了，你可以醒来了，醒来后你将会恢复健康。"话说完，患者就醒了，身体上的病痛也随之减轻了许多。

海尔神父的这种治疗方式让麦斯麦尔十分感兴趣，他便开始进行这方面的研究，并且还和他之前所提出的"动物磁性说"的理论结合在一起进行研究。

麦斯麦尔认为人的身体就好像一个磁场，周围有许多看不见的流体，并对人类的健康起着不可忽视的作用。当流体分布不均匀时，人体就会生病。因此医生在为患者提供治疗时，就要让患者的身体流体重新恢复均匀，这样病情自然会好转。麦斯麦尔提出的这个理论使他成了催眠术治疗领域中的思想先驱。

后来，随着科学的发展，近代生物气象学家以及星球物理学家们的研究也充分证明了麦斯麦尔的这种理论，即发生在气象中与星球本身的种种变化都会对人体产生显而易见的影响，甚至还会严重危害人类的身体健康与心理健康。

就在麦斯麦尔自认为找到了新的治疗技术时，当时的科学界和医学界都对他的理论表示了怀疑，他开始面临着拥有绝对权威的学者、专家们的百般刁难。在这些人的眼中，麦斯麦尔就是个异端邪说分子。不过麦斯麦尔并不在乎这些，他坚信自己的理论，并将其运用到了实践中。

1773 年，麦斯麦尔接到了一个患有痉挛症的少女患者，他决定为患者实施“磁性疗法”，其实就是我们所说的催眠疗法。

麦斯麦尔在选择治疗场所时，特意选择了一个光线暗的房间，然后身着一件丝绸的外衣并在音乐声中出现在这位患者的面前，给人一种既神秘又神圣的感觉。麦斯麦尔迈着缓慢的步伐走到了少女身边，然后在少女的胃部和大腿上面各放了一块磁铁，以疏通少女身上的磁流，使少女进入催眠状态。这种治疗方式虽然看起来十分简单，但却起到了十分神奇的治疗作用，纠缠少女多年的痉挛症就这样被治好了。

这次的成功治疗，让麦斯麦尔一跃成了当地的神医，许多人都十分信服麦斯麦尔的“磁性疗法”。不过在学术界权威们的眼中，麦斯麦尔只是碰巧治好了痉挛症而已。在众人的传播下，麦斯麦尔的名气越来越大，不仅吸引了许多普通民众前来治病，还引来了大量社会名流和宫廷显贵。

麦斯麦尔的“磁性疗法”的确很神奇，许多难以治疗的疑难杂症，比如麻痹症、白内障等都被麦斯麦尔轻而易举地治愈了。多次的成功让麦斯麦尔变得越来越自信，他越发觉得自己的理论就是真理，但麦斯麦尔的事业很快跌入了低谷。

巴拉迪在听了麦斯麦尔的大名后，也来到了麦斯麦尔的诊所接受治疗。巴拉迪只有 18 岁，是个多才多艺的少女，性格也很温和。美中不足的是，巴拉迪是个盲人，她从 4 岁那年起就什么也看不见了，她希望麦斯麦尔能帮助她重见光明。

巴拉迪的父亲是奥地利皇帝身边的红人，深受皇帝的喜爱。皇后玛丽·德莱斯则很喜欢巴拉迪，因为巴拉迪有着高超的弹琴技巧。自从巴拉迪不幸失明后，她的父亲就请了许多维也纳有名望的、医术高超的医生来为她进行治疗，但都没有什么效果。就在巴拉迪心灰意冷之际，她听说了麦斯麦尔的大名，便来到了麦斯麦尔的诊所。

关于巴拉迪的治疗过程有两种不同的版本。第一种版本就是麦斯麦尔的确使巴拉迪恢复了视力，但年轻貌美的巴拉迪却成了麦斯麦尔的情人。巴拉迪的父母自然不愿意让自己的宝贝女儿成为无名无分的情妇，于是就怒气冲冲地找麦斯麦尔兴师问罪。不过，巴拉迪却拒绝与麦斯麦尔分开。这彻底惹恼了她的父亲，他把满腔怒火全都撒在了麦斯麦尔身上。这两个男人开始恶语相向，甚至出现了刀剑相见的血腥场面。刚刚复明不久的巴拉迪小姐看到这种恐怖的场景被吓坏了，于是再度失明。

第二种版本是，巴拉迪的眼睛虽然在麦斯麦尔的治疗下恢复了视力，但却变得很不适应，她原先比常人灵敏得多的听力开始大大下降，这无疑影响了她的弹琴技巧，皇后玛丽·德莱斯为此十分不满，经常严厉斥责巴拉迪。就这样，巴拉迪的眼睛再次失明了。

对于这两种不同的版本，第一种版本的传播范围更广，人们往往更倾向于第一种充满了冲突的版本，说起来和听起来都更有意思。而麦斯麦尔的那些反对者们也都喜欢传播第一种版本，在传播的时候还会故意添油加醋想破坏麦斯麦尔的名声。

麦斯麦尔的患者中以女性居多，这与女性比男性更容易受到暗示的影响有关。但对想要诋毁麦斯麦尔的人来说，这恰恰成了一种谈资，有人甚至断言，麦斯麦尔在进行治疗的过程中经常与他的女患者同床而卧，进而加速对女患者的磁化过程。

在种种负面事件的影响下，麦斯麦尔在奥地利医学界的名声变得越来越差。在当时的医学界权威学者看来，麦斯麦尔就是个巫师和江湖骗子，对他所提出的“磁性疗法”常常表现出不屑的态度。由于当时这里正盛行消灭巫师，麦斯麦尔就赶紧逃离了奥地利，前往法国巴黎。

到了法国巴黎，麦斯麦尔的日子也不好过。法王路易十六认为麦斯麦尔的治疗方式有伤风俗，就将他驱逐出了法国。直到1842年，英国的布雷德将催眠疗法从麦斯麦尔的神秘气氛中解放出来，催眠疗法才开始变得正规起来。

在巴拉迪小姐的案例中，她的失明的确是被麦斯麦尔用催眠疗法治好的，因为她的失明并不是病理性的，而是心理问题引起的。这在现代医学上被称为癔症性失明，即一种以视觉障碍为临床特征的癔症，主要表现为视力下降、眼睛发胀等症状。医生治疗这种癔症性失明时，通常会采用催眠暗示治疗。

催眠虽然听起来十分神奇，还曾被称为“咒术”，但实际上在我们的生活中却随处可见，运用的范围也非常广泛，例如医学、心理学、教育、运动、潜能开发、宗教甚至刑事侦查等领域都有催眠的影子。

在远古时期，催眠就已经出现。人们常常在强有力的暗示作用下进入一种意识模糊的状态。在催眠状态下，人的潜意识和潜能都能被激发出来。当一个人处于清醒状态下时，他受到暗示的影响远不如催眠状态下，因为人的意识有一定的判断能力，会对所接受的暗示加以否定。但在催眠状态下，这种情况基本不会出现，我们会在迷迷糊糊中接受暗示。

在中国的民间流传着一种被称为“观落阴”的法术。相传，这种法术可以让人到阴间去探访已经过世的亲人。法师在实施此种法术时，常常会焚香、摇铃、念咒等，这其实就是在引导参与者进入一种类似催眠的状态中。在这个过程中，法师的语言引导也跟催眠师的引导很相似。

其实这个催眠过程与参与者的想象有很大的关系。因为许多人在小时候，就已经从长辈那里听说过一些关于阴间景象的描述，于是在被法师催眠的时候，很容易感觉自己真的到了阴间。

“观落阴”虽然是一种迷信活动，但却有一定的心理治疗作用。比如远在他乡的孝子，在亲人病危时没有及时赶到病床前尽人子之责，这就会成为他的一块心病，但通过“观落阴”，他便可以和逝去的亲人做最后的告别，以减轻其内心的愧疚之感。

除了“观落阴”外，中国民间还流传着一种“招魂术”。当谁家的孩子因为过度惊吓而生病时，他的父母就会请人为他招魂，有不少孩子都在招魂术下恢复了健康。其实这也是一种运用催眠进行心理治疗的方法。

催眠状态有深浅之分，其中最浅的催眠状态被称为“运动支配”。在这种状态下，被催眠的人的意识几乎接近于清醒状态，但被催眠者的精神状态会变得很放松，会在暗示的引导下做出一些动作。这种被外界事物所引导的浅度催眠状态在现实生活中十分常见，例如，一些疯狂的粉丝在参加歌星演唱会时，会在歌星的引导下显得很疯狂，这其实就是一种大众催眠。

利用催眠消除自卑

小胡是个初中二年级的学生，他有口吃的毛病，这让他很自卑，为此他想通过催眠的方式摆脱口吃。催眠师从小胡那里了解到，他口吃的毛病和英语课有着十分密切的关系。平时他的口吃并不明显，但一上英语课，他的口吃就会变得严重起来，在用英语回答老师的问题时总是磕磕巴巴的。

在催眠师的暗示下，小胡渐渐进入了催眠的状态。催眠师说："你现在正在上课，你能不能告诉我你在上什么课呢？"（催眠师希望小胡的回答是英语课，这样他就可以开始进行进一步的暗示引导。）小胡回答："嗯……我在上语文课！"催眠师说："那好，现在已经换成英语课了，你应该知道现在是英语课的时间。"小胡说："不！现在不是英语课，依然是语文课！"催眠师说："现在，语文课已经结束了，下节课是英语课，你正在上英语课！"（此时催眠师的语气开始变了，由引导变成了半逼迫的语气。）小胡犹豫了一会儿后说："哦，是的，现在是英语课。"催眠师问："你能看见讲台上的老师吗？"小胡回答："是的，我看见了我们的英语老师。”催眠师问：“现在，老师叫一个同学起来回答问题，你能告诉我，这个同学是谁吗？”小胡回答：“是A，他的英语很不错，回答问题时发音也很准确。”催眠师问：“现在老师又叫起了一个同学回答问题，这个人是不是你呀？”小胡连忙否认：“不，不是我，这次是同学B，他已经回答完问题了。”催眠师开始用坚定而强硬的语气说：“现在已经到你回答问题了，你这次会比以往要顺利。”小胡说：“是的，现在老师叫到我了，但是我很紧张……会像以前……一样口吃。”

催眠师知道暗示的时候到了：“好，现在你再次被老师叫起来回答问题。这一次，你因为有了上次的经验变得十分镇定。你感觉很放松，不再像以往那么僵硬，你可以轻松而正确地回答老师的问题，你不会再口吃，会说得非常流畅。”小胡明显受到了暗示的影响：“现在我已经不再结巴了，但是我回答问题的声音很小，我总是担心自己的口吃会再次出现。”

催眠师继续暗示：“当你下一次被老师叫起来回答问题时，你的表现会更好。好了，现在你又被老师叫起来了，现在你不再担心口吃的问题，也不会觉得不安，你显得很镇定，能轻松回答出老师的问题，而且声音十分自信和响亮。”小胡说：“是的，我感觉很轻松，我发现我再也不会口吃和紧张了，我变得自信起来。”

接下来，催眠师开始了最后的暗示：“很好，我觉得你再回答老师的问题时，会变得更加顺畅和镇定。好了，现在你已经完全不用担心自己的口吃，你会觉得很舒服。每当你上英语课的时候，都会觉得很放松，会积极地回答老师的问题。”

经过催眠治疗，小胡建立了自信心，并逐渐改掉了英语课上口吃的毛病。

在现实生活中，被自卑困扰的人有许多，这是一个十分令人头疼的心理问题，也是许多心理障碍形成的主要因素。有些人表面上看起来与自卑毫无关系，例如，刚愎自用或咄咄逼人的人，实际上他们往往有着十分强烈的自卑心理，那些强势的外在表现只是一种掩饰而已。

引起自卑的原因有很多，归纳起来有以下几种：

首先是生理方面的缺陷。生理缺陷会使人产生自卑感，也会成为他人嘲讽的对象，例如面貌丑陋、身材矮小、肥胖、语言障碍等。虽然生理上的缺陷容易使人产生自卑感，但也不是一定如此，许多有生理缺陷的人不仅没有自卑，还战胜了生理缺陷所带来的障碍，例如因小儿麻痹症而残疾的美国总统罗斯福，生下来就双目失明且聋哑的著名作家海伦·凯勒等。

在面对生理缺陷时，最好不要过于重视自己的缺陷，这样很容易产生自怨自艾的自卑感。相反，如果忽略自己的生理缺陷，自卑感就不会产生了。

其次便是幼年的经历。有些人从儿童时期就经常受到来自父母的各种各样的消极暗示，例如，当失败时，父母会骂他是个笨蛋，在这种消极的暗示下，很容易产生自卑感，从而养成懦弱、退缩的性格和习惯。

最后一个便是消极的自我暗示。每个人都有自己的弱点，即使是看起来获得了巨大成功的人，也会有自卑的地方。当一个人总是不停地拿自己的缺点暗示自己，那么就会产生矮人三分的感觉，这样自然会产生自卑感。

总之，自卑感常常与消极的自我暗示有着密切的关系。想要消除自卑感，就必须充分利用积极的心理暗示，而我们可以通过催眠的方式让自己的内心变得强大起来。

小蜗牛问妈妈："为什么我们从出生起就要背着这个又硬又重的蜗牛壳呢？"

蜗牛妈妈回答道："因为我们的身体没有骨骼的支撑，所以只能爬行，而我们爬行的速度又太慢，所以上天就赐予了这个蜗牛壳来保护我们啊。"

小蜗牛不解地问道："毛毛虫姐姐也没有骨头，而且爬得很慢，为什么不用背着这个又硬又重的壳呢？"

蜗牛妈妈回答道："因为毛毛虫姐姐终有一天会变成美丽的蝴蝶，那个时候她就会飞上天空，天空会保护她的。"

小蜗牛又问道："那蚯蚓弟弟没有骨头也爬不快，也不会变成蝴蝶，他为什么也不用背着这个又重又硬的壳呢？"

蜗牛妈妈回答道："因为蚯蚓弟弟会钻进土壤里，大地会保护他的。”

小蜗牛哭着说：“我们蜗牛好可怜啊！天空不保护我们，大地也不保护我们！”

蜗牛妈妈安慰它说：“所以我们才要背着这个又重又硬的蜗牛壳啊！我们不靠天、不靠地，我们靠自己。”

当我们在利用催眠消除自卑感时，一定要明确这样一个原则，即靠自己，要意识到催眠能够产生较好的效果或心理治疗能解决心理困扰，整个过程的主体都是你自己，而催眠师或心理咨询师都只是起到一个辅助作用罢了。

靠自己，其实就是一种自信的态度，相信只要通过积极的自我暗示，就能消除自卑感。这样，在进行催眠的时候才能获得良好的催眠效果。如果一个人根本不相信催眠或积极心理暗示的效果，那么就很难进入催眠的状态。总而言之一句话，只要你相信，一切皆有可能。

生活中的集体催眠

小惠是个 20 多岁的姑娘，她在这座城市有一家小理发店。最近，小惠的心情很好，就连她的顾客也能感受到小惠的喜悦之情。有的顾客会忍不住问小惠："最近遇上什么好事了吗？是找到男朋友了吗？"小惠不屑地回答道："找到男朋友算什么好事？我现在在做一件能赚大钱的事情。"顾客追问："什么事？"小惠说："我做了一种产品的传销。"顾客继续问道："那你现在赚了多少钱？"小惠的语气显得更加不屑："现在还没赚到钱，但我相信我会赚很多钱。我已经打算将理发店关门，专心搞传销。"说着，小惠就变得兴奋起来。

传销在我国属于非法活动，而且大多数人都知道这明显是骗人上当的陷阱，但就算如此，还是有很多人上当。这除了与人想赚钱的渴望有关，还有很重要的一点，传销实际上就是在进行集体催眠。

每个人在成长过程中，都会自然形成心理防御机制。这种机制使得人们对外界的一切都保持着警惕，尤其是在面对陌生人或者陌生的环境时，这种警惕性会更高，从而使自己的内心封闭起来，进行自我保护。

当一个人接受催眠的时候，如果催眠师对他来说是陌生人，催眠环境也是他不熟悉的，那么，这个人就很难进入催眠状态中。因此，催眠师想要让一个人快速地进入催眠状态，就必须得与被催眠者建立起一种有利于催眠的信任关系，从而让被催眠者放松警惕。在心理学中，通常会把这些人自身的心理防御体系称为“逻辑防御”“道德防御”和“情感防御”。催眠师在实施催眠之前，一定要努力突破这三道心理防线，否则催眠就进行不下去了。

传销组织的人都是同吃、同住的，这让许多人形成了一种归属感，将传销组织看成是自己的家，将周围的人看成是自己的亲人。当然，他们还会上课，并且互相交流心得。这些熟悉的人和环境都有利于其进入催眠状态中。

传销组织在上课时，显得更为癫狂。讲课的人被称为“讲师”。他颇有演讲才能，不仅能侃侃而谈，而且语调抑扬顿挫，十分擅长调动人的情绪，讲的内容也很有煽动性。通常情况下，讲师会先讲一下像汉高祖刘邦、亚洲首富李嘉诚等这些成功人士的奋斗经历，并告诉大家要赶紧努力赚钱。然后讲师还会讲身为底层人的辛苦和不易。渐渐地，在讲师的煽动下，所有人的情感都被激发出来，开始进入一种接近癫狂的状态。

总之，传销组织给成员“上课”，其实就是在进行一场集体催眠，用非常有煽动性的话语，将成员的理智和警惕意识都摧毁，然后向他们的潜意识输入某些观念，从而将成员的钱骗走，再让他们去骗别人的钱。

传销组织会对成员进行连续和反复的刺激，直到其接受某种观点。研究显示，如果一个人总是暴露在连续和反复的刺激下，那么他的意识和潜意识防御机制就会大大降低。在这种状态下，人们比平常时候更容易接受暗示。

虽然催眠看起来十分神秘，对催眠的解释也有许多种，但有一点是肯定的，即催眠必须得通过暗示才能实施。如果没有暗示，那么催眠就无法进行。在暗示作用下，人不仅容易进入催眠状态，而且在被催眠后，更容易接受暗示。

集体催眠，即一个催眠师对许多人进行催眠。表面上看起来，集体催眠比个体催眠更困难，但实际上并非如此。一个人通常很难做出一些疯狂的事情，但如果是群体一起去做，那么就极有可能会出现失控的局面。比如群体事件中的打砸抢，如果这种事情只让一个人去做，那么他就会思考这样做的后果，但如果是一群人，就很容易失去理智，因为有大家和你一起承担后果，而且不是还有“法不责众”的说法吗？

对于集体催眠也是如此。当催眠师对一个人进行催眠的时候，这个人只会受到催眠师的暗示影响。集体催眠除了催眠师的暗示外，还有周围其他人的暗示，接受催眠的人之间会产生心理感染，这种心理感染会让人加速进入催眠状态。

在楚汉之争的最后阶段，项羽的残余兵力被刘邦的军队围困在垓下。此时，汉军面临着两种选择。一种是将项羽的军队团团围住并进行歼灭，但这样一来就会牺牲许多士兵，因为困兽往往会拿出玩命的战斗力，当一个人成为亡命徒后，那他的战斗力将不容小觑。因此兵法上才有“围城必阙”的说法，即在包围战中为敌人网开一面，从而给敌人以逃生的希望，削弱其战斗力。网开一面便是第二种选择。但这两种选择刘邦都不想选，他不想损失过多的兵力，也不想放虎归山。那该如何呢？张良献出了一条妙计，即进行一场心理战，从心理上削弱楚军的战斗力。

在张良的安排下，已经投降的楚军在月色下唱起了楚歌。这便是历史上有名的“四面楚歌”。许多人都有这样的体会，月色总会给人以凄凉之感。在中国古代，月色也总是能勾起游子的思乡之情。

这些多年征战在外的楚军在听到家乡的歌曲后，在月色的笼罩下，纷纷开始怀念起家乡与家人来，再也无心战斗，其士气被大大削弱。就在这时，汉军发起了猛烈的进攻。最终，楚军被击败。

当一个人身处群体之中时，他的情绪和行为很容易受到别人的影响，甚至会放弃自己原有的观念和判断。这种心理感染其实就是暗示，暗示会使人在不知不觉中发生改变。除此之外，一个人的情绪和行为也会影响他人。这种相互的影响很容易使人陷入群体的狂热之中，从而做出丧失理智的行为。

在自我暗示下进入催眠

在绘画界，有一位小有名气的画家，他的作品获得了许多奖项。当时的许多画家都倾向于将画画得越来越抽象，好像这样才能彰显出自己绘画作品的艺术水平，但这样抽象的绘画作品却让许多人都看不懂。这位作家的绘画风格独树一帜，他强调写实，他的绘画作品总是非常接近于真实，就好像照片一样。渐渐地，他的这种绘画风格开始有了越来越多的受众，他的名气也越来越大。

追捧者们渐渐发现，这位画家的画作真是太逼真了，给人一种过于真实的恐惧感，有时候甚至会让人觉得比照片还要真实。

这位画家的作品主要以人物为主，他的绘画作品上的人物不仅和真实的人比例一样大小，而且惟妙惟肖，尤其是眼神，十分传神，给人一种似乎能穿透观赏者心灵的感觉，有时甚至还会让人产生一种画中人会随时复活的错觉。

一时间，画家成了艺术界和绘画界的神话与天才。最让人意外的是，这位绘画天才并没有经过任何美术学院的培训，甚至连绘画大师的指导也没有接受过，完全是自学成材。这些都让这位画家变得更传奇、更神秘，成为媒体青睐的对象。在媒体的宣传下，画家的名气越来越大。

每当这位画家准备画画的时候，都会将自己封闭在房间里，不允许有任何人打扰，也不让任何人观看。虽然很多人都观看过画家的作品，但却从未有一个人看过他作画的过程，甚至连他的妻子也没有看到过。这让许多人更加好奇。

不久，画家接到了一个电视台编导的电话。编导表示，希望画家能参加一期专门为他准备的电视节目。画家犹豫了一会儿后，就答应下来。

到了录节目这天，电视台的节目组还专门派了一辆采访车来接他。在节目快开始的时候，画家才从编导那里得知，节目除访谈之外还增加了一个新的环节，即进行现场作画。这让画家十分吃惊，顿时萌生悔意，但无奈节目就要开始了，画家只能硬着头皮上。

其实，这是节目组故意安排的，毕竟编导更了解观众的喜好，相对于访谈，观众一定对画家的作画过程更有兴趣。这样可以大大提高节目的收视率。

很快，访谈的环节就结束了。下一个环节便是作画，节目组将事先准备好的笔和纸拿了出来，并表示希望画家能现场作画。这时，画家露出了十分为难的表情。主持人为了缓解尴尬的氛围便说道："其实不用花费太大的精力，只要画出一幅简单的素描就可以了。"一旁的工作人员也暗示画家，这种环节只需要做做样子就可以了。画家愣了愣，脸色变得更加难看，他拒绝了作画的要求。

这是一个现场直播的电视节目，画家的拒绝一下让整个氛围变得尴尬起来，主持人和工作人员都挺为难的，一方是固执不肯作画的画家，另一方是现场的几百名观众以及电视机前的成千上万名观众的期待。

最后，工作人员只好向画家解释道："我们这个节目所请到的画家都有现场作画这个环节，而且画家的作品也会被我们当作奖品赠送给现场的观众。"

这时，画家开始变得语无伦次起来："不行！坚决不行！我今天觉得很不舒服……对，很不舒服。以我现在的状态，根本不能作画，这样会影响我作画水平的正常发挥……"

工作人员随即安慰道："没关系，你不用太重视，只需要随意地勾勒出一个物体就行了，比如小鸟或苹果，这些东西都很简单的。"

画家开始变得结巴起来："实在对不起……我画不出来……"说着，画家的额头上便冒出了许多细小的汗珠，他看起来很紧张。因画家不合作，节目组只能放弃这个环节，当然观众们也很失望。

在节目播出后不久，许多画家都开始怀疑这位画家的绘画水平。甚至有传言说，他根本就不会画画，否则，为什么在节目里连一幅随手的涂鸦都不肯画。

但画家却对这些外界的议论毫不在意，依旧专心地画画。一天深夜，当画家正在画室内作画时，妻子突然闯了进来，原来他竟然忘了给自己的画室上锁。

画家的妻子发现他在作画的时候显得很不正常。整个画室的灯光十分昏暗，画家拿着一支笔在一块画布上涂鸦着，整个人看起来呆呆的，好像没有生命力一样。妻子走过去对他说：“你不觉得房间里的光线实在太昏暗了吗？我去把灯开开吧。”画家并未理会，继续画画。妻子以为丈夫生气了，因为在他作画期间是不允许有任何人打扰的，而自己没有经过他的同意就突然闯了进来。于是，妻子便提高声调对丈夫说：“虽然我没有经过你的同意就随便闯了进来，但你也没必要不理我啊……喂，我在和你说话呢！”

画家依旧好像什么也没听见似的，继续在画布上画着，嘴里还叨叨咕咕地不知在说些什么。这时，他的妻子才发觉情况有些不对，开始由生气渐渐转为了害怕，她觉得丈夫好像中邪了。不过，她同时还很好奇丈夫到底在画什么，就凑过去看看。终于，妻子看清楚了画布上的内容，那是一个美丽的古代女子，显得非常真实，但还差个嘴巴。看着眼前的画，妻子就随手推了丈夫一把。

这下，画家开始有了十分强烈的反应，他猛地回头，然后用疑惑的眼光看着妻子，眼神渐渐变得恐惧起来并用手指着妻子的嘴巴喊道：“原来在这里，最完美的嘴，它原来在这里！”

原来，画家每次画画时都进入了一种催眠的状态。他是个对绘画一窍不通的人，根本不会画画，连基本的绘画功底都没有，但他是个很善于将自己催眠的人，并且能在自我催眠下进入很深的催眠状态。然后他就会在这种催眠状态下画画，他笔下的作品几乎每一幅都是神来之作。

但在这天深夜，当他的催眠状态突然被妻子打断之后，他一下子就走火入魔了，从此之后再也无法画画，而且每到深夜时分，都会独自一人去“梦游”。梦游的时候，他的手中经常提着一桶红油漆，然后到处画女人的嘴唇，他家附近的街道上和墙壁上到处都是鲜艳的红嘴唇，那都是他画上去的。

这是一个通过自我催眠发掘潜能的故事。在现实生活中自我催眠并没有这么神奇，但不可否认的是自我催眠的确能唤醒人的潜意识，从而让潜意识发挥出神奇的作用。总之，催眠是一种手段和媒介，可以帮助我们发掘潜能。

想要进入催眠状态，除了在催眠师的帮助下可以实现外，自己也可以进行，这就需要我们学会对自己进行暗示。在暗示的作用下，人们常常会进入一种意识恍惚的催眠状态，这意味着此时你的潜意识已经被暗示唤醒了，然后你就可以进行自我暗示，向自己的潜意识植入某些积极的观念。自我催眠会让你相信自己拥有神奇的能力，会变得更加积极乐观，有助于解决现实生活中遇到的难题。

不过在进行自我催眠的时候，一定要选择一个安静的环境。这样可以让你避免被外界干扰，同时能快速地放松，有利于进入催眠状态。

上述故事的画家显然因为自我催眠走火入魔了。那么在现实生活中，我们是否也会像这位画家一样因为自我催眠而变得疯疯癫癫呢？其实后果远没有故事中的那么严重。如果你已经进入了催眠状态，却因为外界的干扰而突然清醒过来，会出现一些不良后果，但症状都很轻微，只会感到精神恍惚，等过了一段时间，就会自动恢复正常。

一个人想要进入催眠状态，必须经历一个十分缓慢且渐进的暗示过程，而当一个人想要从催眠状态中清醒过来时，也必须得慢慢来。如果因为意外突然惊醒的话，就会被强行且迅速地带入清醒的状态，但因其意识并未马上苏醒，潜意识还没有完全褪去，会出现一种精神恍惚之感。出现这种感觉，说明你还没有完全从催眠的状态中走出来。等你完全清醒后，这种恍惚感自然会消失。

虽然催眠被打断的体验并不好受，但在进行自我催眠和接受催眠之前，一定不能给自己施加这样的心理暗示："如果我的催眠被打断，那么将是一件十分糟糕的事情。"这种消极的自我暗示会让你相信催眠被突然打断会出现非常严重的后果，从而导致催眠被打断的不良影响被放大。

暂时沉睡的意识

1934年的夏天，德国海德堡的警察局接待了一个奇怪的报案者。报案者是个男人，他声称有人向他的妻子勒索钱财，但又说不清到底是什么人在勒索他的妻子。当警方让此人把他的妻子请到警察局时，他又拒绝了。他告诉警察，他的妻子好像被人操控了灵魂一样，根本不知道自己被勒索了。

报案者的妻子名叫汉娜，她的确有许多反常行为，她曾莫名其妙地将一大笔医疗费交给一个陌生人，但却对那个人的样子一点儿印象也没有。最关键的是，汉娜的大脑完全正常，并未出现失忆的情况。

警方为了调查清楚这起案件，就让医警路德维·迈尔出马，他不仅是个优秀的内科医生，还是一名有着多年工作经验的催眠师。路德维发现汉娜的异常后，就开始和汉娜进行暗示引导性的交谈，希望汉娜能想起那段受害的经历。

路德维从汉娜那里了解到，她在结婚前曾有一次去医院治疗胃病的经历，在途中，汉娜遇到了一名陌生的男子。该男子对汉娜显得很热情，不仅主动与汉娜交谈，而且在得知汉娜要去治胃病时，还为汉娜推荐了一家新医院，他告诉汉娜，这家医院是治疗胃病的权威。

但是，汉娜却对这个陌生男子充满了警惕，她不同意和男子到那家医院。就在汉娜快要下车的时候，陌生男子突然将手放在了汉娜的额头上，然后汉娜就感觉自己的大脑一片空白，身体似乎不再受自己的控制。

路德维在听完汉娜的回忆后，认为这名男子很有可能对汉娜实施了催眠，且可能借助了催眠药物，因此汉娜才能如此快速地进入催眠状态。路德维认为，想要让汉娜想起那段被遗忘的经历，就必须借助催眠的力量，于是他便为汉娜注射了一种催眠的药物，引导汉娜进入了一种深度催眠的状态。汉娜在他的一步步引导下渐渐恢复了记忆。

原来，汉娜在被陌生男子催眠后，就被他带到了海森堡火车站，到了一个陌生的房间，对于接下来发生的事情，汉娜记不起来了。

后来，路德维又对汉娜进行了一次深度催眠。这一次，路德维获得了不少的线索，汉娜在深度催眠的状态下基本回忆起那个犯罪嫌疑人的外貌特征以及衣着和发型等许多细节。

路德维将这些证据都报告给了当地的警方。恰巧，警方最近逮捕了一名犯有诈骗罪的嫌疑人，他的外貌特征与汉娜描述的十分相似。最关键的是，那个人也是用医生的身份进行诈骗的。

于是，警方就安排汉娜亲自指认这个人。当汉娜见到这名犯罪嫌疑人时，立刻认出这个人就是给她治病的柏尔根医生。面对汉娜的指认，柏尔根极力否认。当警察让汉娜确认时，汉娜却表示，她也记不清楚了。于是，这桩案件重新陷入了僵局。

路德维便只能再次通过催眠的方式，帮助汉娜回忆起被遗忘的经历。不过路德维怀疑，犯罪嫌疑人曾对汉娜实施了十分强烈的遗忘暗示。在这样的暗示下，汉娜不但会忘记催眠中所发生的事情，而且还会忘记整个催眠的过程。这就意味着，路德维想要借助催眠帮助汉娜恢复记忆将会变得十分困难。

这一次汉娜想起了更多的细节，比如，柏尔根曾带她一起去游泳，柏尔根有一条看起来很脏的浴巾，等等。最关键的是，汉娜回忆起来自己曾遭遇过性侵的一段经历。她记起曾有个男人和她接吻，但她将他推开了，结果就听到有人对她说："我现在正在为你进行治疗，你只需要睡一觉就可以了，在你醒来的时候，你会完全忘记。"听到这些话后，汉娜居然真的睡着了，然后什么也记不起来了。

通过这些片段式的回忆，路德维基本可以肯定，犯罪嫌疑人诱导汉娜进入催眠状态，然后对她实施了性侵。路德维认为，犯罪嫌疑人一定是利用催眠诱导汉娜交出巨额的医疗费，而汉娜根本不记得这些，很有可能也是犯罪嫌疑人催眠的结果。

在另一次催眠中，路德维证实了自己的猜想。他从汉娜那里得知，柏尔根曾在汉娜进入催眠之后，不断地向汉娜暗示："你的胃部已经穿孔了，必须接受治疗，而且只有我才能治好你的胃病。"在这种暗示下，汉娜开始感觉到来自胃部的强烈痛感，于是她只能去找柏尔根。柏尔根则再次通过催眠暗示，引导汉娜消除这种疼痛感，并索要大量的治疗金。在催眠快要结束时，柏尔根会暗示汉娜遗忘这段记忆，否则当汉娜说出来的时候，生命就会面临危险。

路德维为了消除汉娜的这种恐惧感，开始鼓励她："勇敢地说出你所知道的一切，等你说出来之后，你不仅不会面临生命危险，而且还会永远摆脱那个恶魔对你的控制。"于是，在这种积极的暗示引导下，汉娜回忆起来更多的信息。

柏尔根不仅性侵过汉娜，还强迫她去卖淫，从中得到很多金钱。这些钱远远无法满足柏尔根的胃口，于是他就让汉娜支付大额的治疗费。在汉娜结婚后，她的人身自由便受到了很大的限制，再也拿不出多余的钱来满足柏尔根贪婪的胃口。于是柏尔根就通过催眠暗示汉娜杀死她的丈夫。柏尔根在对汉娜实施杀人的催眠暗示时，采用了十分委婉的方式："如果费恩（汉娜丈夫的名字）不存在了，那么就没有人能阻止你继续接受治疗了。这样你就不用再忍受疾病所带来的痛苦了。"

如果柏尔根在对汉娜进行杀人的催眠暗示时，采用的暗示语十分直接，例如"把你的丈夫杀掉"，这样很容易遭到汉娜的拒绝，因为这已经严重威胁到汉娜的自身利益。如果采用委婉的暗示语，而且还是从汉娜的角度出发，那么汉娜就不会有抵抗的心理，她会将病痛与费恩联系起来，并出现只要费恩消失就能摆脱病痛的念头。这样的催眠暗示的确取得了一定的效果。在一段时间内，汉娜确实出现了谋杀丈夫的行为，但都没有成功。

由于谋杀失败了，柏尔根害怕自己的罪行暴露，就在催眠过程中暗示汉娜自杀。他是这样暗示汉娜的："你的健康状态会变得越来越差，你的丈夫会因此越来越讨厌你。而且你的丈夫在外面已经有了新欢，他随时准备与你离婚。从此之后，你的生活将会变得一片灰暗，你看不到生活的希望，你会变得越来越绝望，越来越希望得到解脱。"果不其然，汉娜在催眠后的确有自杀的行为，但都得到了及时的救治，侥幸活了下来。

最后，汉娜恢复了所有的受害记忆，并在法庭上指认柏尔根对她所犯下的罪行，柏尔根也因此被判处 10 年监禁。这便是非常著名的海德堡事件。

海德堡事件的发生让许多人都感到非常恐慌，从而对催眠有了更大的偏见。在许多人看来，催眠就是一种邪术，具有操控人的力量。那么催眠真的会像海德堡事件一样具有这么强大的操控力吗?

海德堡事件在催眠史上是十分少见的，这与受害人汉娜的人格特质有着十分密切的关系。每个人接受暗示的能力都是不同的，有些人很容易接受暗示，但也有一些人对暗示根本就不敏感。个人接受暗示的能力则是催眠得以实施的基础。也就是说，汉娜恰恰属于那种容易接受暗示的人。

催眠的状态有深浅之分，常见的是催眠深度六级划分法，即将催眠分成六个不同的阶段。第一、二阶段为浅度催眠，第三、四阶段为中度催眠，第五、六阶段为深度催眠。通常情况下，第六阶段的催眠状态是很难达到的。如果一个人可以进入第六阶段的催眠深度，那么不仅说明被催眠者的催眠敏感度很高，而且说明催眠师的催眠手段也相当高明。当一个人进入第六阶段的催眠深度时，就会产生负幻觉。所谓负幻觉，就是指被催眠者在催眠师的引导下看不见真实存在的事物。

汉娜是一个对暗示十分敏感的人，她可以轻易进入催眠状态，不需要催眠师花费太大的力气，就能一下子进入深度催眠之中，而能达到这种催眠程度的人只有 20%。关键是，柏尔根在之前的催眠中还对汉娜使用过催眠药物，这样汉娜就更容易被催眠了。

此外，柏尔根还是个催眠高手，有许多高明的催眠技巧。他深知该如何对被催眠者下达暗示指令，从而让被催眠者更容易接受和执行他的指令。例如，柏尔根在对汉娜下达催眠指令时，总会从汉娜的角度出发。

在现实生活中，像汉娜这样对催眠暗示十分敏感的人是很少见的。对于我们大多数人来说，我们虽然会按照催眠师的指令做出一些动作，但我们并未完全被催眠师操控。美国著名催眠大师米尔顿·艾瑞克森曾经说过，人在催眠状态下不会完全丧失辨别是非的能力。一旦催眠师让你做出对自己不利的举动时，你的自我保护能力一定会跳出来。例如，一个女人被催眠了，她可能会按照催眠师的指令做出一些动作，但如果催眠师要求她做出脱衣服的动作，那么她的潜意识就会保护她，她会拒绝脱衣服。也就是说，每当催眠师让被催眠者做出有损于他自身利益的事情时，被催眠者都会拒绝。

在海德堡事件中，受害人汉娜有被清除催眠记忆的经历。这在被催眠者中也很少出现。通常情况下，只有被催眠者进入第四阶段的催眠深度以后，催眠师才能通过暗示引导让被催眠者忘记这段记忆。如果一个人对催眠根本不敏感，只停留在浅度催眠状态，那么即使是再高明的催眠师也无法通过暗示让你抹去记忆。

总之，我们根本不必担心自己会在催眠中被催眠师完全操控。虽然在催眠状态中，我们的意识渐渐隐退了，但并不意味着我们丧失了自我保护的能力。

Part10

暗示与肢体语言
——窥探真实的内心

在日常生活中，我们通常会采用语言的方式进行沟通，用语言表达自己的内心活动，但众所周知，语言具有欺骗性，一个人可以通过语言轻易地撒谎，而其肢体动作却常常不受控制。这是因为人的肢体动作受到心理状态的影响，真实地反映人的内心活动。总之，我们的一举一动会暴露出我们真实的内心想法。

管不住的腿和脚

在一家公司的会议上，公司内的销售经理和优秀销售员都参加了。这次会议的内容就是讨论给销售员提供什么样的待遇。会议开始后不久，一位知名销售员，即销售员联合会会长发表讲话。当他走向讲台的时候，听众们分别做出了不同的反应。其中，销售经理大多做出了双腿和双臂交叉的肢体动作，这说明他们的心理状态是警惕和戒备的，也就是说他们对这位销售员即将发表的讲话有担忧或不安的情绪。很快，他们的担心就被验证了。这位销售员在演讲中，提出了公司员工管理中存在着大量的问题，而这些问题都是管理能力低下的经理们造成的。在这个过程中，销售员们开始有了新的肢体动作。有的人身体前倾，这说明他对讲话内容十分感兴趣，也有人做出思考的动作。只有经理们始终保持着戒备的肢体动作，毕竟演讲的内容都是在批评经理，与普通的销售员似乎没什么关系。有的经理甚至出现了“4 字腿”的姿势。

这种姿势在参与阿富汗战争的美国士兵身上也出现过。一些美国士兵聚集在一起看新闻，当时的新闻正在播放美国总统奥巴马有关阿富汗战争政策的演说。这时，不少美国士兵都出现了 4 字腿的姿势，这说明他们对奥巴马的战争政策十分不满。毕竟对于一个参战的美国士兵来说，硝烟弥漫的战场上到处充斥着死亡的威胁，他们早已厌倦了战争，想要回到美国享受和平美好的时光，但这些都取决于以奥巴马为首的政客们所做出的决定。因此当奥巴马发表和阿富汗战争有关的演说时，美国士兵才会出现 4 字腿的姿势，以表示内心的抗拒。

提起肢体语言，人们通常都会关注面部表情，而距离头部较远的腿和脚常常被许多人所忽视。人们都很注重对自己的面部表情进行管理，会在不同的场合有意识地控制自己的面部表情和头部姿势。例如，当一个人在赌博的时候，为了避免对方从自己的面部表情中猜测出自己的筹码，常常会假装成若无其事的样子，也就是我们常常所说的“扑克脸”。但如果我们注意他的腿和脚，就会发现他真实的内心活动。当他面对的是有利的局面时，尽管他面无表情，但脚却会欢快地动来动去，这说明他此时的心情非常愉快，或许就要赢了。

通过一定的训练，我们往往可以有效控制我们的面部表情。例如，当你看到一个令自己非常讨厌的人，却碍于面子不能将这种讨厌表现在面上，这时就可以通过控制面部表情，摆出一副眉开眼笑的模样。但是我们却很难控制自己的腿和脚，甚至可以说我们根本就管不住自己的腿和脚，因此腿和脚的动作能够暴露出一个人真实的内心活动。

在人类进化的过程中，腿的主要作用就是走路和逃跑。腿可以帮助人类获得食物，还可以在遇到危险时让人迅速逃走。也就是说，腿部动作常常与本能有关，不受人类理智的控制，而且表达的意思也很简单——走向自己想要的东西和远离自己讨厌的东西。例如，当你和某个人聊天时，如果对方对聊天的内容毫无兴趣，他的腿脚就会做出准备走的动作，这说明他的内心想要离开这无聊的环境，只是碍于情面，没有直接提出来而已。

神经学专家保罗·麦克里恩曾提出了一个和人类大脑有关的假设，即脑的三位一体理论。这个理论认为，人类颅腔内的脑一共有三个，即爬行动物脑、边缘系统和新皮质。这是进化的产物，不同的进化阶段会产生不同类型的大脑，并且会按照出现的顺序覆盖在以前的脑层上。这三种脑并非是分离的，而是在拥有独立的功能的基础上又通过神经相互连接在一起。

爬行动物脑，又被称为“基础脑”，主要包括脑干和小脑，是最早出现的脑层，主要功能有控制身体的肌肉、平衡与自动机能，诸如呼吸与心跳。爬行动物脑会一直处于工作状态中，即使在深度睡眠时也不会停止工作。爬行动物脑之所以会被称为“爬行动物脑”，是因为这是最早进化出来的脑，首先出现在爬行动物身上，例如蜥蜴和蛇，而且与爬行动物有着相同的行为模式。

边缘系统，又被称为“古哺乳动物脑”，主要包括大脑的中间部分，负责情感、直觉、搏斗之类的行为。这些功能虽然在现如今已经没有多大用处，但在进化时期却起到了十分重要的作用，保证人类可以在恶劣的自然环境下生存下来。例如恐惧的情绪，虽然在我们平时的生活中派不上什么用场，但在面临危险的时候，却能让我们集中注意力，然后迅速地做出反应，避免被危险所伤害。边缘系统之所以还被称为“古哺乳动物脑”，是因为这个部分的大脑所具有的功能与生物进化早期出现的哺乳动物很相似。我们的腿脚动作就被这个部位的大脑所控制，也就是说腿脚动作能真实反映我们的情绪。

最后是新皮质，也被称为“新皮层”，是进化后期所出现的，通常也被称为“高级脑”或“理性脑”，主要出现在灵长类的哺乳动物大脑中。新皮质让人类登上了食物链的顶端，甚至成了人类的象征。如果人丧失了新皮质，那么基本上也就不能称之为人了。

人类的新皮质是所有哺乳动物中最大的，包括许多动物所不具备的功能，例如学习、语言、抽象思维等，当然也包括了前额叶皮层，这个部位是主管人类自控力的生理基础。新皮质与人的理智有关，但却很难控制住腿脚的动作。心理学家保罗·艾克曼通过研究发现，当一个人撒谎时，尽管他的理智能控制好自己的面部表情，但腿脚动作却会增多。很多商务人士常常喜欢坐在自己的办公桌后面，就是因为办公桌可以遮挡他的腿脚动作。

在现实生活中，常见的腿脚动作通常有二郎腿、4字腿和交叉腿，不同的腿脚动作分别暗示着不同的内心活动。

二郎腿是一种十分常见的腿脚动作，我们经常会发现许多人都会不经意地跷起二郎腿。二郎腿常常与坐姿习惯、感觉寒冷有关系，但也有一定的心理暗示。如果一个人跷起了二郎腿，并且两手交叉放在了胸前，那么说明他现在很无聊，对聊天内容或者开会的内容完全没有兴趣。

4 字腿的动作常常在年轻人中间出现，很少会有老年人摆出 4 字腿的坐姿。4 字腿最早出现在美国，而且经常在男性身上出现。随着美国文化的传播，一些亚洲国家的年轻人在观看了美国电影和电视节目后，也开始喜欢并模仿这种坐姿。这种姿势常常与争强好胜的心态联系在一起。在第二次世界大战期间，纳粹党十分关注人们的坐姿，一旦发现有人做出了 4 字腿的姿势，那么他们就立刻断定此人是美国人，而不是德国人，或者说他曾在美国生活过。

4 字腿的坐姿很少在女性身上出现。即使有女性摆出 4 字腿，也是在穿着裤子并且在女人之间的聚会中，如果有男人在场，女人则很少会摆出 4 字腿的坐姿，因为这样不仅显得自己过于男性化，而且还会让男人误认为自己在引诱他。

当一个人想要显示自己的自信和放松时，也常常会出现 4 字腿的姿势，但这种姿势也暗示着一种侮辱，因为这种姿势会将鞋底展现在人们面前，而鞋底上则沾满了污物。如果一个人摆出了 4 字腿的坐姿，并且将鞋底朝向某个人，那么就暗示着他很讨厌这个人。同时，与案例中所显示的一样，4 字腿有强烈的抵触、戒备心理意味。

交叉腿也是一种很常见的坐姿。当一个人摆出了交叉腿的姿势，那么就暗示着他此时的心态是保守和戒备的，代表一种拒绝的态度。例如，在香港回归的谈判中，英国首相撒切尔夫人的坐姿就是交叉腿。撒切尔夫人自然不愿意放弃香港，但碍于中国的实力，不得不做出妥协。因为只是初期谈判，所以交叉腿还暗示着撒切尔夫人此时拒绝立刻做出让步的心态。研究显示，当一个准备做出重大决定时，他的双脚都会保持踩在地面上的姿势。因此，当有人摆出了二郎腿、4 字腿和交叉腿的坐姿时，最好不要逼迫他立刻做出决定。

除了交叉腿的坐姿外，叉腿站立也是一种常见的姿势。当一个人的站姿是叉腿站立时，就暗示着他现在的心态是紧张而又缺乏自信的。如果一个人站着时，脚跟着地，翘起了自己的一只脚，那么则暗示着他现在的心情很欢快。

总之，人的腿和脚能真实地反映一个人的心理状态，而且基本上不会有人能完全管住自己的腿脚动作。

小动作背后的寓意

在 1996 年的大选中克林顿取得了成功，继续担任总统。这次的胜利让克林顿及其团队都松了一口气，整个白宫处于一种轻松的氛围中。不久之后，共和党主导的国会在预算问题上与白宫方面发生了争执，从而导致了联邦开支的冻结，许多政府雇员都被告知暂时不要来上班。这下，以白宫为首的许多政府机关变得空空荡荡，这给克林顿和白宫实习生莫尼卡・莱温斯基制造了机会。

渐渐地，克林顿就和莱温斯基发展成了情人的关系，虽然外界并不知情，但克林顿身边的许多人都知道他和莱温斯基的关系。到了 1997 年的 4 月，莱温斯基被她的上司调到了国防部工作，因为她的上司担心她与总统的关系过于亲密。

莱温斯基在国防部认识了琳达・崔普，两人很快就成了无话不谈的闺密。莱温斯基开始告诉琳达一些自己的秘密，包括她与克林顿秘密交往的经过。莱温斯基没有想到的是，琳达居然把两人的谈话全部进行了秘密录音。

1998 年 1 月，一名律师开始搜集克林顿的花边新闻和证据。

在调查中，莱温斯基提交了一份书面证词，证明自己与克林顿毫无往来。私下里，莱温斯基找到琳达，希望琳达能帮她保守秘密。不过琳达表示，她不想作伪证，于是就把录音带交给了检察官肯尼斯。肯尼斯因此开始调查这起事件。

被桃色丑闻缠身的克林顿只能公开表示自己与莱温斯基没有不正当的关系。在被逼急的时候，克林顿才说自己与莱温斯基没有性关系，他只是接受服务的一方，这根本算不上发生了性关系。

不过肯尼斯并未因为总统斩钉截铁地否认而放弃调查，他利用录音带和莱温斯基的日记，逼迫莱温斯基说出了全部事实。后来，肯尼斯还掌握了一条关键的证据，这是一件沾有克林顿精液的蓝色洋装，是莱温斯基留下的纪念品。通过检验，蓝色洋装上的精液与克林顿的 DNA 符合，这下克林顿就再也赖不掉了，他只能在全国发表讲话，并向所有人道歉，还承认自己说谎了。在克林顿发表讲话向所有人道歉的过程中，如果注意克林顿的小动作，我们就会发现他出现了嘴巴紧闭的动作，这暗示着此时他的内心是无比压抑的。

人是一种非常擅长伪装的动物，总会将自己伪装成十分强大的样子，但一些小动作却常常会暴露出一个人真实的内心。例如，上述案例中克林顿在承认性丑闻时出现的嘴巴紧闭的小动作。

有些成年人会有咬手指甲的小动作。吮吸手指的动作常常出现在婴儿身上，据说这种动作能帮助婴儿缓解焦虑。那么如果类似的动作出现在成年人的身上，将会暗示些什么呢？暗示着当前这个人的状态十分焦躁、缺乏安全感。

勒布朗·詹姆斯是个著名的篮球运动员，他有一段时间总会做出啃咬手指的动作，好几次都被镜头记录了下来。有心理学家分析，詹姆斯此时的心理状态十分糟糕，他缺乏安全感，并且渴望能得到他人的安抚。

但詹姆斯所在球队的负责人却并未重视起来，他觉得像詹姆斯这样身体健壮的篮球运动员根本不可能缺乏安全感。正是这种忽视让詹姆斯在合同期满后离开了这支球队。心理学家分析得没错，当时的詹姆斯的确非常焦虑而且缺乏安全感。

当初，詹姆斯在和这支球队签合同的时候就曾承诺过，一定会努力夺取冠军，成为最优秀的篮球运动员。但随着时间的推移和一次次的比赛，詹姆斯和冠军的距离越来越远，这让他觉得非常焦虑和不安，从而出现了啃咬手指的小动作。

咬牙切齿的动作在我们的生活中也十分常见，那么这个小动作暗示着什么呢？当一个人出现愤怒或憎恨的情绪时，通常会出现咬牙切齿的动作。

美国的父子总统布什和小布什与伊拉克战争有着十分密切的关系。小布什担任总统期间，在提到萨达姆时，曾咬牙切齿地说：“他竟然想杀死我父亲！”这暗示着小布什对萨达姆暗杀布什行动的憎恨和愤怒。

一个人在表达憎恨或愤怒时，为什么会有咬牙切齿的小动作呢？这与人的本能有关。在动物界，凡是搏斗双方都会亮出自己的牙齿，有时候在宣示自己的领地主权时，动物也会亮出自己的牙齿，因为牙齿象征着力量。这种动物的本能被人保留下来，即使人的牙齿根本不具备杀伤力。

眨眼和闭眼是十分常见的眼部小动作。当一个人看到自己不喜欢的画面时，便会出现眨眼睛的小动作，这暗示着他想要逃避的心理。这种反应被称为“隔断效应”。当一个人眨眼时，他会出现短暂的闭眼，这样他就将自己不喜欢的画面阻隔在视线之外，从而获得一种安全的心理安慰。闭眼睛也有这样的暗示意义。

如果一个人在提到某件事情时，出现和闭眼睛很相似的动作，即眼帘下垂，那么就暗示着他此时的心态是愧疚的。例如，某个女人是第三者，每当她听到别人议论有关第三者的话题时，她就会出现一个眼帘下垂的小动作，这暗示着她对身为第三者这个事实觉得非常愧疚。

触碰鼻子的动作是一种常见的撒谎动作。因为当一个人在撒谎时，就会感觉自己的鼻子有轻微的痒感，会不自觉地用手去触碰自己的鼻子。例如，一个年轻的学生在和一个老教授探讨一部作品时，他不喜欢这部作品，但老教授却很喜欢，他为了迎合老教授的喜好，会对老教授说自己也很喜欢这部作品，此时他就会做出触碰鼻子的动作。这种小动作反映了他内心真实的想法。

此外，在日常生活中还有一种小动作十分常见，即吞咽口水。一般来说，这暗示着此人正处于十分紧张的心理状态。每当一个人紧张的时候，他就会感觉口渴，从而产生想喝水的冲动，于是，就会出现吞咽口水的小动作。

一举一动皆是破绽

在美国华盛顿特区西北区波托马克河畔有一座水门大厦，这座大厦是由一家五星级饭店、两座高级办公楼和三座豪华公寓楼组成。在大厦的正门处，有一个人工小型瀑布，因此便有了“水门”这个称呼。让水门大厦闻名世界的是美国总统尼克松的一件窃听丑闻，被称为“水门事件”。

1972 年 6 月 17 日的夜晚，水门大厦的办公楼里已经漆黑一片，一名美国民主党总部的工作人员在收拾完毕后准备回家，临走前偶然回头看了看自己的办公室，却惊奇地发现，漆黑的办公室里有几条光柱在晃动。这说明办公室里还有人，这个人不开灯却拿着手电筒，看来应该不是同事，于是工作人员叫来了保安人员，并将自己看到的一切告诉了保安。

保安立刻开始了搜查工作，结果抓到了 5 个戴着医用外科手套、形迹可疑的男人，其中一个男人是前中央情报局的工作人员，名叫詹姆斯・麦科德，而现在他是尼克松总统竞选连任委员会安全工作的负责人。这一次，麦科德是奉命来到水门大厦，目的就是将窃听装备安装在民主党总部。

第二天，这件事情就被披露在《华盛顿邮报》上，一时间闹得沸沸扬扬，就连正在度假的尼克松也匆匆忙忙赶回华盛顿处理此事。在当天的深夜时分，尼克松和几个亲密的助手在白宫内召开秘密紧急会议，讨论如何处理该事件。会上，几个助手都愁眉苦脸的，不知道该怎么办。最后还是尼克松下定了决心："被抓的人中有几个是古巴人，而且麦科德以前也参加过'猪湾事件'，我们干脆就让古巴人背这个黑锅，咬定他们是为了自己民族的利益而进行窃听活动的。一会儿，再派一个人和中央情报局局长见一面，并要求他出面处理此事，不要让联邦调查局插手。还得派一个人给那几个被抓的传信，让他们不要乱说话。对了，在陪审团那里，白宫的人也不要承认此事。"

对于尼克松来说，他的理智让他极力地想撇清自己，让水门事件成为一次意外。水门事件是否是他指使的呢？从他在接受电视台记者采访时所表现出来的动作我们可以得知，水门事件与尼克松总统脱不了干系。

尼克松在接受记者采访时，尽管他明确表示，在白宫班子和本届政府内，没有一个工作人员卷入这起荒唐的事件，但他的一举一动却出卖了他。尼克松用手抚摸自己脸颊和下巴的动作皆暗示着他此时紧张、需要被安抚的心理状态。这说明，水门事件并不像他所说的那样与他无关，他自己也参与了这件丑闻，或者干脆说整个事件就是他策划的。

虽然尼克松成功打败了民主党候选人，连任总统，但水门事件却并未结束。麦科德在接受审问时，将白宫法律顾问安迪牵连出来。尼克松本想让安迪承担所有的责任，但没想到安迪决定将功赎罪，将整个水门计划和盘托出。

在日常生活中，我们通常会采用语言的方式进行沟通，用语言表达自己的内心活动，但众所周知，语言具有欺骗性，一个人可以通过语言轻易地撒谎，而其肢体动作却常常不受控制。这是因为人的肢体动作受到心理状态的影响，真实地反映人的内心活动。总之，我们的一举一动会暴露出我们真实的内心想法。

1976 年 2 月 4 日，在听证会上，美国参议院外交委员会跨国公司小组委员会主席邱比奇爆出了一条惊人秘闻。这条秘闻与不正当竞争有关。邱比奇说洛克希德公司在向国外推销飞机时曾以各种名义贿赂外国政要。

随后，洛克希德公司的副董事长便在听证会上表示，他们公司曾通过日本的代理公司向日本政界有关人物赠送了巨款。

该事件虽然在美国只是一个小案子，但在日本引起了轩然大波，备受许多媒体的关注。为此，当时的日本首相三木武夫只能召开紧急会议，并且宣布会支持司法部门展开调查，还成立了专门的调查委员会。由于该贿赂案件是跨国性的，三木武夫就命令外交部与美国进行交涉，从而获取涉及该案件的材料，以作为办案的有力证据。

美国和日本在签订了《司法协助协定》后，日本便从美国那里获得了许多和洛克希德案件有关的材料。在整理和检查材料时，日本检察官从中发现了一张 5 亿日元的收据，收据的领受人则是日本前首相田中角荣。

虽然这份证据能证明田中角荣曾经被贿赂过，但证据并不充分，于是检察机关决定先不逮捕田中角荣，而是扩大调查范围，并且利用舆论的力量让公众声讨田中角荣。

这件事情闹得沸沸扬扬，田中角荣再也坐不住了，他开始通过媒体极力洗清自己身上的嫌疑。让人怀疑的是，田中角荣在接受采访时出现了一个动作，即他总会时不时地拿手绢擦拭脸上的汗水。这说明，尽管田中角荣嘴上不停地否认，实际上内心却很紧张。

7 月 27 日，东京地方检察厅宣布逮捕田中角荣。8 月 17 日，田中角荣在缴纳了保释金后获得了一定的自由，然后他便组织了一个强大的律师团，开始为自己做辩护。不久之后，事态的发展对检察机关不利，两个重要证人出现了意外。其中一个证人是田中角荣的司机，他自杀了。另一个证人是田中角荣的秘书，他选择了翻供。再加上各种政治力量的介入，整个案件审理起来十分困难。最后，检察机关找到了一个关键证人，即田中角荣的前妻，她揭露了田中角荣及其秘书的翻供行为。

1983 年 10 月 12 日，洛克希德案件终于有了结果，田中角荣被判决违反外汇法、受托受贿，判处 4 年有期徒刑，罚款 5 亿日元。田中角荣并不接受这个结果，当场表示要上诉。在第一次上诉时，东京高等法院驳回了，并宣布维持原判。第二次上诉依旧是这样的结果，但此时田中角荣已经去世了将近两年。

一个人真实的内心活动，包括其潜意识的状态，都会在不经意间暴露在他的一举一动之中。在面对对自己不利的事件时，即使他极力想掩饰，但只能做到语言上的掩饰，其一举一动皆会露出破绽。

当一个人面对十分严重的局面时，会强迫自己摆出一副非常强硬的姿态，这是他所希望的样子，他真实的内心状态却往往是恐惧和紧张的，而这些弱点都会在他不经意的动作中表现出来。因此我们想要窥探一个人真实的内心活动，一定要注意他的一些反常小动作。

手部及手臂动作

2016 年 11 月 9 日，美国大选计票结果出来了。共和党候选人唐纳德·特朗普最终获得了 306 张选举人票，成为继奥巴马后的第 45 任总统。

在 2016 年的美国总统大选中，言辞激烈、针锋相对的政治论战自然是必不可少的，但这种“对骂”却不仅仅在总统候选人特朗普和希拉里·克林顿之间展开，特朗普还经常将战火引到奥巴马身上。奥巴马也卖力地为希拉里拉票，阻止特朗普胜选。

两人之所以这样针锋相对，还要从 2011 年说起。作为亿万富翁的特朗普公开怀疑奥巴马并非出生在美国，还屡次要求奥巴马出示出生证明。这件事情让奥巴马尴尬不已。

2011 年 4 月 30 日，在白宫记者晚宴上，奥巴马借机当众嘲讽了特朗普一番。当镜头扫到特朗普时，他的脸上露出了十分尴尬的笑容。后来，特朗普的政治顾问斯通在提到这次晚宴时说，这是特朗普人生中的一个转折点，就是从那时起他开始下定决心要竞选总统，只有这样才能向外界展示自己的实力。

从此之后，特朗普和奥巴马就走上了互怼之路。

对于奥巴马而言，他更倾向于希拉里能在这次大选中胜出，这意味着他的政治遗产能得到保护。在竞选活动中，特朗普曾不止一次地表示，要废除奥巴马颁布的多个行政命令，例如医改法案等。这让奥巴马大为恼火，他也公开表示总统这个职位特朗普根本不够格，他嘲笑像特朗普这种富家子弟，根本不会尊重普通的劳动人民。

直到 2016 年 11 月，当特朗普从大选中胜出，并与奥巴马在白宫首次见面时，两人的关系才得以缓和，而且还发誓要团结合作，可两人的身体语言却暴露出了彼此真实的内心活动。

两人都采用了叉开腿的坐姿，这说明两人都在宣示主权。只是奥巴马双腿间的距离更大，他是在暗示特朗普，现在他还是总统，还掌握着权力，白宫还是他的地盘。

在交谈的过程中，特朗普出现了“倒三角形”的手势，也被认为是向下祈祷的姿势。这意味着他此时的心理状态是试探性的，这种手势很少会出现在总统身上，说明此时的特朗普要了解很多他以前不知道的东西。奥巴马则摆出了胳膊放在腿上的姿势，这种姿势在奥巴马的身上并不常见，暗示着他此时感觉很累的心理状态。尽管奥巴马表示，他会紧密配合特朗普交接总统的职务，并且还表示祝贺特朗普当选为美国总统，但他这样说时，却有一个闭眼睛的动作，暗示着他并不想看到这种局面。

人的双手是身体中最为灵活的一部分，常常暗示着一个人的心理活动。常见的手部动作主要有双手摩擦和双手紧握。当一个人出现双手摩擦的动作时，暗示着他此时的心理状态是跃跃欲试的，急切地想要尝试自己不熟悉的领域。如果一个人出现了双手紧握的动作，那么则暗示着他此时很紧张。在上述案例中，特朗普的倒三角形手势在生活中并不常见，但如果他的这种手势是朝上的，那么所暗示的意义就变了，这是一种十分自信的手部姿势。

此外，我们还应该特别注意一下大拇指，这根手指常常与自信有着密切的联系。如果一个人手握拳头，将大拇指露在外面，即我们常见的握拳姿势，那么就说明他是自信的；相反如果他将大拇指藏在四指之下，即我们常见的婴儿会做出的握拳姿势，那么就暗示着他此时非常不自信，而且缺乏安全感。此外，在现实生活中很多年轻人都喜欢做出将手放在裤兜里的姿势。有些人将手放在裤兜里时，会将大拇指露在外面，这是一种自信的表现。相反，如果将大拇指藏在裤兜里，则暗示着不自信的内心。

当一个人想要侮辱某人时，常常会做出竖中指的动作，这种动作具有强烈的侮辱性，在许多国家和地区都是被禁止的。这种手势起源于一场战争。

在英法百年战争末期，英国的弓箭手十分厉害，让法军损失惨重。英国在击败法国后，为了庆祝胜利，就下令砍断了法军弓箭手的中指，这样弓箭手就无法射箭了。英国弓箭手为了向法军炫耀，纷纷竖起了自己的中指。这种手势渐渐在欧洲传播开来，直到如今这种手势还被用来表达侮辱性的意味。

竖起食指这种手部动作也很常见，尤其是当一个人公开发表演讲时，这种动作就会更加频繁地出现，这暗示着他将要陈述自己的某种观点了。

与手部动作紧密相关的便是手臂动作。常见的手臂动作有双臂交叉放在胸前。当一个人感觉到威胁时，就会出现将双臂交叉并放在胸前的动作，这是一种自我保护的动作，这样做会让他感觉安全。

对于许多动物来说，它们不会轻易地将自己的肚子暴露出来，因为肚子是最柔软、最容易受到攻击的地方。有许多养宠物的人会发现，当宠物觉得很安全并表达对主人的信任时，就会将自己的肚子暴露出来。

人虽然是直立行走的动物，但也保留着这种本能。每当一个人觉得不安全时，他就会做出双臂交叉放于胸前的动作。如果旁边正好有东西的话，他会将这种东西抱在胸前。例如，有些人坐在沙发上和人聊天，突然遇到令自己很不安的话题时，他就会不自觉地将抱枕抱在胸前。当没有东西可抱时，人们就会用手臂来代替，也就是做出双臂交叉放在胸前的动作。因此，当你和别人聊天时，一旦对方做出了这种手臂动作，那么就意味着你所说的话题让他觉得很不舒服，尽管他口头上会赞同你所说的内容，但内心却在抗拒。

握手这个动作不简单

1960 年，作为总统候选人的肯尼迪和尼克松开始了竞选，这是美国历史上第一次总统大选电视辩论。这次的电视辩论不仅影响到竞选的结果，还开启了一种新型的竞选方式，即利用媒体曝光塑造出不同特色的公众形象。

当时正值美苏冷战，双方在军事、经济和太空领域都较着劲，苏联刚刚向太空中发射了一颗人造卫星，这意味着苏联在太空领域已经占据了领先地位，此时的美国却因为公民权利等问题闹得不可开交。在这样的背景下，总统大选开始了。

两位总统候选人都十分有实力，而且风格不同。尼克松是副总统，有着十分丰富的从政经验，而肯尼迪则是个充满活力的年轻参议员。相比之下，肯尼迪的实力稍逊。尼克松 39 岁就当选为副总统了，有着 8 年的治国理政的经验，而肯尼迪不仅缺乏经验，还因为天主教徒的身份处于不利的地位。

在夏天过去后，选民对总统候选人的支持开始出现了变化，领先优势开始朝着肯尼迪倾斜。后来时任总统的艾森豪威尔的一句话让尼克松的处境变得轻松起来。

当时有记者向艾森豪威尔提问，希望他能列举出一些副总统的贡献。当时的艾森豪威尔刚开完一个漫长的新闻发布会，此时的他十分疲惫，于是就用了一句玩笑话搪塞："如果你给我一周的时间，我可能会想起一个贡献来，但现在我什么也想不起来。"

这虽然只是一句玩笑话，却被民主党当成了为尼克松争取选票的契机，民主党将这句话作为电视广告的结尾，即艾森豪威尔总统不记得，但选民们会记得。

不久之后，尼克松再次遇到了一件倒霉的事情，他在北卡罗来纳州参加竞选活动时，不小心撞伤了膝盖，后来伤口出现了感染，他只好住院。两周后，尼克松终于出现了，但他的状态却不怎么好，看起来很萎靡。

9 月 26 日晚上，尼克松要和肯尼迪一起在芝加哥市中心的哥伦比亚广播公司进行辩论。当尼克松走出汽车的时候，他摔倒了，膝盖再次受伤。再加上尼克松的感冒和低烧还没好，这次的竞选辩论对他来说十分难熬，他的状态严重影响了他的正常发挥。

不论是尼克松还是肯尼迪都十分重视这次的电视辩论，希望能通过这种形式向选民们彰显个人魅力，从而赢得选票。在第一次辩论开始前，哥伦比亚广播公司为两人准备了顶级化妆师，但两人都拒绝化妆。

肯尼迪向人们呈现出一种健康而有活力的感觉，他在经过多场露天竞选后，皮肤已经被晒成了古铜色。尼克松则因为健康问题，脸色非常苍白，而且还带着胡茬儿。尼克松的团队为了让尼克松的形象看起来更积极，就为他准备了“懒汉剃须”，即一种粉末，将其涂抹在脸上，会遮盖住胡茬儿。

在节目录制开始后，尼克松因为状态不佳出了许多汗，汗水导致脸上的“懒汉剃须”开始融化，再加上尼克松的浅灰色西服，让他整个人看起来更加病态。尽管尼克松在辩论中表现得不错，但因为这种外在形象让他损失了许多选民。就连当时的新闻也提到了尼克松的化妆问题，甚至提出电视化妆师毁了尼克松。

在进行辩论的时候，肯尼迪和尼克松选择了不同的互动方式。肯尼迪直视着摄像机的镜头来回答问题，好像在和电视机前的观众互动一样。尼克松却将目光投向了录制现场的记者，在电视机前的观众看来，尼克松好像在逃避公众的眼神一样。

在电视辩论会结束后，尼克松和肯尼迪第一次公开握手，而这个握手的姿势也被镜头记录了下来。虽然两人的面部表情都很相似，但握手的方式却不一样。肯尼迪的手在上方，尼克松的手在下方。

在肢体语言中，握手的方式往往会给人不同的心理暗示。如果一个人在与他人握手时选择掌心朝上，也就是尼克松的握手方式，那么表达了一种尊重的态度，暗示着在他的心里，两人之间的关系是平等的。如果是掌心朝下，即肯尼迪的握手方式，则暗示着这个人的内心非常强势，他是一个非常喜欢占据主导地位的人。在两人握手时，如果一个强势的人是掌心朝上的，那么他极有可能会迅速地将手掌反转过来，从而表示自己掌握着主导权。

选民们通过尼克松和肯尼迪的握手方式，感觉到肯尼迪的强大心理。再加上尼克松在电视辩论中病态的装扮，人们就更加倾向于看起来更具有控制力的肯尼迪。毕竟当时正值美苏冷战，美国许多选民都希望美国在这场冷战中拿出强硬的姿态，战胜苏联，而肯尼迪则给选民们一种值得被信任和具有力量的感觉。

一个半月后，大选的结果出来了，肯尼迪以49.7%对49.5%的优势赢得了总统的宝座。在之后的民意调查中，有超过一半的选民都表示受到了电视辩论的影响，其中6%的选民认为正是电视辩论让他们做出了最后的决定。

在现实生活中，握手这种礼貌性的带着问候意味的动作十分常见，但这个简单的动作，所代表的心理暗示意义和心理状态却十分复杂。我们可以通过一个人的握手姿势观察他的内心活动。

握手的姿势除了上述案例中肯尼迪和尼克松的握手姿势外，还有三种十分常见的姿势，即挤压式握手、无力式握手以及握手力度大且时间长的握手。

挤压式握手所用的握手力度一般都比较大，暴露出当事人向对方暗示自己很强势的心理，但这种强势却只存在于表面上。选择挤压式握手的人往往表面上很强势，但内心却对自己非常不自信。

无力式握手会给人一种软弱无力的感觉，好像在握手的时候没怎么用力。这种人的心理状态常常是散漫的，握手对他而言只是例行公事。除了散漫的暗示外，还有傲慢的意味，好像什么都不在乎一样。

最后一种握手方式便是握手力度大且时间长的握手，暗示着当事人想要控制局面的心理状态，同时也暗示了他是一个很容易烦躁的人。